计算机类技能型理实一体化新用

信息技术

综合实训

（WPS视频版）

主　编	黄炳乐	陈守森
	林少丹	
副主编	张雪华	李　栋
	韩坤君	杨薇薇
	姜　桦	

清华大学出版社
北京

内 容 简 介

本书根据《高等职业教育专科信息技术课程标准（2021 年版）》编写，可与《信息技术基础（WPS 视频版）》一书配套使用，也可单独使用。

本书是一本专注于信息技术实践应用的综合性实践教材，主要内容分为线下部分和线上部分，其中，线下部分包括信息素养与社会责任、图文处理技术、电子表格技术、信息展示技术、数字媒体技术、信息检索技术、信息安全技术、物联网、区块链、人工智能以及程序设计基础 11 个综合训练，线上部分包括现代通信技术、云计算、大数据、虚拟现实、机器人与流程自动化、项目管理 6 个综合训练。线下部分共计 30 个训练，每个训练均按照"训练目的→训练内容→训练环境→训练步骤→训练结果"模式组织编写。本书对于课程标准中的必修模块注重操作式训练，对于课程标准中的选修模块采用体验式训练。

本书的每个训练都提供了深入的技术讲解、详细的操作步骤指南和实操技巧，旨在帮助读者从理论走向实践，提高其在信息技术领域的专业技能。这些实践活动既适合于个人自学，也适合作为教学课程的补充材料，帮助读者在实际操作中更好地理解和运用信息技术的核心概念和技术应用。

本书可供高职高专和职业本科院校的学生使用，也可供应用型本科和有关社会培训机构选用。

图书在版编目（CIP）数据

信息技术综合实训：WPS 视频版 / 黄炳乐，陈守森，林少丹主编 . —北京：清华大学出版社，2024.8
（计算机类技能型理实一体化新形态系列）
ISBN 978-7-302-65718-7

Ⅰ．①信…　Ⅱ．①黄…　②陈…　③林…　Ⅲ．①办公自动化－应用软件－高等学校－教材
Ⅳ．① TP317.1

中国国家版本馆 CIP 数据核字（2024）第 051387 号

责任编辑：张龙卿
封面设计：刘代书　陈昊靓
责任校对：袁　芳
责任印制：刘　菲

出版发行：清华大学出版社
　　　　　网　　　址：https://www.tup.com.cn，https://www.wqxuetang.com
　　　　　地　　　址：北京清华大学学研大厦 A 座　　　邮　　编：100084
　　　　　社　总　机：010-83470000　　　　　　　　邮　　购：010-62786544
　　　　　投稿与读者服务：010-62776969，c-service@tup.tsinghua.edu.cn
　　　　　质量反馈：010-62772015，zhiliang@tup.tsinghua.edu.cn
印　装　者：艺通印刷（天津）有限公司
经　　　销：全国新华书店
开　　　本：185mm×260mm　　　印　　张：13.25　　　字　　数：318 千字
版　　　次：2024 年 8 月第 1 版　　　　　　印　　次：2024 年 8 月第 1 次印刷
定　　　价：45.00 元

产品编号：106752-01

本书编写委员会

主　编　黄炳乐　陈守森　林少丹

副主编　张雪华　李　栋　韩坤君　杨薇薇　姜　桦

编　委（排名不分先后）

　　　　吴毅君　郝林倩　周晶晶　熊丽君

前　言

当前，数字化已成为经济社会转型发展的重要驱动力，以信息技术为基础的数字技术已经成为建设创新型国家、制造强国、网络强国、数字中国、智慧社会的基础支撑。数字经济蓬勃发展，数字技术快速迭代，技术进步和社会发展对劳动者所需掌握的数字技能也提出了新要求、新标准。党的二十大报告提出："加快发展数字经济，促进数字经济和实体经济深度融合，打造具有国际竞争力的数字产业集群。"《国民经济和社会发展第十四个五年规划和 2035 年远景目标》则具体部署了"加快数字化发展　建设数字中国"的有关举措，其中提到"加强全民数字技能教育和培训，普及提升公民数字素养"。

对于当代大学生来说，如何有效提高信息素养和数字技能，培养信息意识与计算思维，提升数字化创新与发展能力，促进专业技术与信息技术融合，树立正确的信息社会价值观和责任感，已成为高职高专院校关注的焦点。信息技术课程是高职高专各专业学生必修或限定选修的公共基础课程，2021 年 4 月，教育部制定并出台了《高等职业教育专科信息技术课程标准（2021 年版）》（以下简称"新课标"）。我们根据实际教学的需要，依据新课标要求，组织编写了《信息技术基础（WPS 视频版）》《信息技术综合实训（WPS 视频版）》两册教材。本册教材具有以下特点。

一是在编写理念上，本书全面贯彻党的教育方针，落实立德树人根本任务，满足国家信息化发展战略对人才培养的要求，围绕高职高专各专业对信息技术学科核心素养的培养需求，吸纳信息技术领域的前沿技术，旨在通过理实一体化教学，提升学生应用信息技术解决问题的综合能力，重点培养学生利用信息技术进行信息的获取、处理、交流和应用的能力，促进其具备良好的信息素养，具备基本的信息道德和行为规范，为其职业发展、终身学习和服务社会打下坚实的基础。

二是在内容选择上，本书共计 17 个综合实训，覆盖新课标全部要求，做到知识达标，技能规范。以国产信创操作系统和 WPS Office 为基本应用环境组织编写。同时，根据对高职高专各专业大类学生对信息技术知识技能的调研，将新课标中的信息素养与社会责任（含新课标中的"新一代信息技术"有关内容）、图文处理技术、电子表格技术、信息展示技术、数字媒体技术、信息检索技术、信息安全技术、物联网、区块链、人工智能、程序设计基础作为线下部分进行重点讲解，将现代通信技术、云计算、大数据、虚拟现实、机器人与流程自动化、项目管理作为线上部分并由各用书学校根据实际教学需要选择。本书将"立德树人"融入课程的每个环节，以科学精神和爱国情怀丰富课程内容。通过介绍中国在计算机领域的重要成就，如龙芯处理器、麒麟操作系统，培养学生的专业精神和爱国心。本书注重技术应用场景的选择，适当编入新知识、新技能、新产品、新工艺、新应用、新成就，并对行为规范和涉及的有关国家标准、行业标准、企业标准做了提示。本书还充分考虑青年学生的心理特点和职业教育的特色，强化职业能力的培养，将探究学习、与人交流、与人合作、解决问题、创新能力的培养贯穿教材始终。

三是内容组织上，本书充分适应不断创新与发展的工学结合、工学交替、"教、学、做"合一和项目教学、任务驱动、案例教学、现场教学和实习等"理实一体化"教学组织与实施形式。本书配套的《信息技术基础（WPS 视频版）》教材中，对于偏理论的单元（节），采用案例导入的写作模式；对于偏实践的单元（节），采用任务导入的写作模式，内容组织上采用"工作任务（导入案例）→技术分析→知识与技能→任务（案例）实现→能力拓展→单元练习"的编写模式。本书的综合实训内容和安排顺序与《信息技术基础（WPS 视频版）》的模块一一对应，也分为线下、线上两部分，每个训练均按照"训练目的→训练内容→训练环境→训练步骤→训练结果"模式组织编写，既可作为《信息技术基础（WPS 视频版）》的配套教材使用，也可供学生基础较好的学校直接作为主教材使用。

四是内容呈现上，本书图文并茂、资源丰富，方便师生学习。本书配备二维码微课视频等学习资源，实现纸质教材与数字资源的结合，方便学生随时学习。

总之，本书遵循新课标开发编写，反映了信息科技的最新发展，应用了职业教育的最新教改成果，在内容选择、内容组织、内容呈现上进行了系统创新，可以作为高职高专信息技术课程的教材。

囿于编者的水平，难免存在对新课标把握不准、对信息技术新发展敏感度不够的情况，同时，对新课标的课程教学实践积累还不够，教学配套资源和测评题库建设仍存在不足等情况，因此教材难免存在不足，恳请读者批评、指正。

编　者
2024 年 2 月

目 录

线 下 部 分

线 上 部 分

线 下 部 分

综合实训 1　信息素养与社会责任

训练 1.1　信息素养训练

一、训练目的

通过训练，了解信息处理的基本过程，提高信息意识，提升信息处理能力。

二、训练内容

（1）收集指定的信息。
（2）了解信息处理的过程。
（3）进行信息意识和信息能力的测评。

三、训练环境

Windows、WPS Office

四、训练步骤

1. 信息收集

收集信息后，填写表 1-1。

表 1-1　中国奥运代表团历届奥运会奖牌数量统计表

历届奥运会	奖　牌		
	金　牌	银　牌	铜　牌
2020 年东京奥运会			
2016 年里约热内卢奥运会			
2012 年伦敦奥运会			
2008 年北京奥运会			
2004 年雅典奥运会			
2000 年悉尼奥运会			
1996 年亚特兰大奥运会			

历届奥运会	奖 牌		
	金 牌	银 牌	铜 牌
1992 年巴塞罗那奥运会			
1988 年汉城奥运会			
1984 年洛杉矶奥运会			

2. 说说你对信息和信息处理的认识

信息和信息处理对我们的影响到底有多大？它在我们的生活和工作中能发挥怎样的作用？我们的世界能否脱离信息处理而独立存在呢？

（1）活动目的。包括以下方面。

① 了解我们周围的信息。

② 了解信息处理是怎样影响我们生活的。

③ 加深对信息处理重要性的认识。

④ 增强信息处理的意识。

（2）规则与程序。包括以下方面。

① 每名学生围绕"信息和信息处理怎样影响我们的生活"，思考生活中典型的信息处理案例。

② 按 6 人左右将全班分为若干个小组。

③ 每个小组成员在组内向其他组员介绍自己的案例。

④ 各组展开以"信息和信息处理对我们生活的影响有多大"为主题的研讨。

⑤ 各小组选一名代表在全班面前介绍一个典型案例和讨论心得。

⑥ 各小组发言完毕，进行自由发言。

⑦ 教师带领学生进行总结。

3. 信息处理与传递

准确地理解信息是进行信息处理和传递的前提，但是，以讹传讹在日常生活中却并不鲜见，这是因为人们在进行信息的处理和传递过程中总会产生误差，下面这个活动也许最能说明问题。

（1）活动目的。包括以下方面。

① 体验信息处理和传递的过程。

② 调动学生进行信息处理能力学习的兴趣。

（2）规则与程序。包括以下方面。

① 按 8 人一组，将全班分为若干小组，每小组坐成一列，小组之间和小组成员之间保留较大空隙。以小组内任意两人之间的小声交流不被第三人听到为宜。

② 每组第一名学生上台，看老师写在纸上的信息，时间为 1 分钟，信息字数为 50 字左右。

③ 每组的学生要按座位顺序把信息传给后一位学员，传话时只能让组内的下一位学员听到。

④ 最后一个学生要以最快的速度把信息写在纸上，并交给老师。

⑤ 老师展示每组学生最后的信息内容，并与实际信息相比较，看哪组学生信息传递得又快又准。

⑥ 老师可准备不同内容的信息，进行多次信息传递活动。

⑦ 学生分析讨论，老师总结。

4. 信息处理过程训练

信息的需求与明确、信息的检索与获取、信息的分析与整理、信息的编排与展示、信息的传递与交流、信息的存储与安全、信息的决策与评估是信息处理过程的 7 个步骤。请同学们讨论：是不是任何一个信息处理过程都包含这 7 个步骤？如果可以不全部包含，列出可以省略的步骤，并举例说明。

（1）活动目的。包括以下方面。

① 掌握信息处理的步骤。

② 灵活掌握信息处理的过程。

③ 提高学生的信息素养。

（2）规则与程序。包括以下方面。

① 按 6 人左右将全班分为若干个小组。

② 每个小组成员在组内向其他组员讲述自己的观点。

③ 各组展开以"信息处理步骤是否可以省略"为主题的研讨。

④ 各小组选一名代表在全班面前介绍本组的讨论结果和心得。

⑤ 各小组发言完毕，进行自由发言。

⑥ 教师带领学生进行总结。

5. 信息意识测评

本测评主要考查学生的信息意识强弱程度。通过评估，帮助学生认识自己，并能有效地促进学生信息意识的形成。

（1）情景描述。请根据实际对下列命题进行判断，不要花太多时间考虑，每个陈述有 5 种选择：1 表示很不符合，2 表示基本不符合，3 表示不太确定，4 表示基本符合，5 表示非常符合。请将代表选项的数字写在序号前。

① 新信息很容易吸引你的注意力。

② 你能主动查阅并收集本学科、本专业最新发展动向。

③ 在图书馆查不到所需资料时能主动求助于图书馆工作人员或同学。

④ 你认为信息也是创造财富的资本。

⑤ 你能独立判断信息资源的价值。

⑥ 你能认识到信息对个人和社会的重要性。

⑦ 面对所需要的重要信息，愿意接受有偿信息服务。

⑧ 遇到问题时有使用信息技术解决问题的欲望。

⑨ 在学习遇到困难时，你能立即想到去图书馆或上网查资料。

⑩ 你会利用图书馆所购买的各种数据库来帮助你学习。

⑪ 你有强烈的求知欲望。

⑫ 你参加过校外 IT 培训考试。

⑬ 你善于从司空见惯的、微不足道的现象中发现有价值的信息。

⑭ 你面对浩如烟海、杂乱无序的信息，能去粗取精、去伪存真，做出正确的选择。

⑮ 你不论何时何地，从工作到日常生活，都积极地去关注、思考问题。

⑯ 你有强烈的紧迫感和超前意识。

⑰ 你有需要增强情报系统能力的愿望和行动。

⑱ 你有高度自我完善以适应形势要求的自觉性。

⑲ 当你需要某一资料时，你清楚地知道应该去哪里获取。

⑳ 你对非法截取他人信息或非法破坏他人网络或在网上散发病毒等行为持坚决反对的态度。

㉑ 你认识到信息泄露会造成危害。

㉒ 你在信息活动中，能严格遵守信息法律法规。

㉓ 你认为知识只有得到传播才能显示价值，发挥作用，推动人类社会的进步与发展。

㉔ 你认为信息资源共享有利于实现信息资源的合理配置，能发挥信息资源的价值与作用。

㉕ 你有对知识或已知信息的分析研究进行创造的愿望。

（2）评分标准。评分标准如表 1-2 所示。

表 1-2　信息意识的测评标准

选项	很不符合	基本不符合	不太确定	基本符合	非常符合
记分	1分	2分	3分	4分	5分

（3）结果分析。

① 25～58 分为较差等级，被试者的信息意识暂时还比较弱，处于初级水平，还需要进一步加强。如果被试者想适应信息社会，就必须针对自己的不足做出改进。

② 59～92 分为中等等级，被试者的信息意识较强，处于中等水平。若加强信息意识方面的锻炼，被试者就会成为一个具有超强信息意识的人。

③ 93～125 为优秀等级，被试者具有（或将具有）超强的信息意识，处于高等水平。

6. 信息处理能力测试

本测评主要考查学生信息处理能力的强弱和信息处理的偏好与习惯。通过评估，帮助学生了解自己的信息处理能力和个性化习惯，明确自己属于哪种信息处理类型以及自己在信息处理方面的弱点和不足。

（1）情景描述。请快速如实回答表 1-3 中的问题，在与你的情况相符的选项后面打"√"，每个问题只能选择一项。

表 1-3　信息处理能力测试表

序号	问题	选项	选择
1	你对信息处理的认识是什么？	A. 所有感觉器官感受到的信息及对这些信息的所有操作	
		B. 以计算机和通信为代表的现代信息处理技术	
		C. 世间万物皆信息，我们每时每刻都在处理信息	

续表

序号	问　题	选　项	选择
2	你上网大部分时间在做什么?	A.看电影、小说，聊天或者打游戏，查资料的时间非常少	
		B.发邮件，聊天或者网上购物等	
		C.有需要才上网搜索资料，很少娱乐	
3	你对自己手机中的功能了解多少?	A.主要用来打电话和发短信，好多功能都没有用过	
		B.大部分常用功能都会用，不常用的功能有所了解	
		C.无论是否有用，手机中的功能我都了解	
4	你是否随身携带记录工具? 常带的工具是什么?	A.几乎不带记录工具，若需要临时找	
		B.有时带，有时不带，工具主要是纸和笔。	
		C.经常带，主要是纸和笔，有时也用电子工具	
		D.几乎随身带，纸和笔及电子工具同时带	
5	在外出或异地旅游过程中，你是否走错过路?	A.大方向不会错，到了目的地再打听，总能找到目标	
		B.提前将行程路线搞清楚，很少走冤枉路	
		C.提前将行程路线搞清楚，并且预备多条路线，以备异常情况	
6	你有没有相信过虚假信息或被人骗过?	A.相信过，因为防不胜防，上过好几次当了	
		B.相信过，但只有一两次，以后我会倍加小心	
		C.听别人说过很多上当经历，所以每次遇到都会看穿那是个骗局，不予理睬	
7	你写总结、报告或申请时觉得难吗?	A.最讨厌写这种没有情节的应用文了	
		B.如果自己经历的事，比较好写；如果单靠个人构思，我不知道该怎么写	
		C.别人写不出的时候，我总能找到话题	
8	你与人交流时，有没有把一个问题翻来覆去解释给人家听?	A.有时候感觉对方领悟力较弱，怎么讲他都听不明白	
		B.不管问题有多复杂，我一般讲一遍别人就听懂了，很少重复讲同一个问题	
		C.对于复杂问题，我经常要重复几次对方才可以理解	
9	你办黑板报的水平如何?	A.从来也没有办过，不知道该怎么办	
		B.参与过，但只是给别人当助手	
		C.经常参与，而且是主力	
10	你做电子排版的水平如何?	A.我不知道什么是电子排版	
		B.会使用一些软件进行简单的平面设计	
		C.精通至少一种排版软件，排版效果美观	
11	当突发事件发生时，你的表现是怎样的?	A.尖叫、发呆或不知所措	
		B.寻求别人的帮助，或等待别人帮忙	
		C.能够在最短的时间内做出判断	
12	当因为你的决策而使某件事成功或失败，事后你会怎么做?	A.无论成功与失败，过去的事就让它过去吧	
		B.成功了我会高兴，但失败了我会总结经验	
		C.无论成功与失败，我都会总结得与失	
13	你坐公交车时会把钱包放在哪里?	A.放在外套里面的口袋里	
		B.放在贴身衣服的口袋或手提包中	
		C.把钱包拿在手上	

（2）评分标准。参考表1-4。

表1-4 信息处理能力测试参考标准

序号	问题	选项所体现的能力	分值
1	你对信息处理的认识是什么？	A. 片面的信息处理观点	1
		B. 狭义的信息处理观点	2
		C. 广义上的信息处理观点	3
2	你上网大部分时间在做什么？	A. 娱乐为主，较好的信息处理能力	1
		B. 普通的信息处理能力	2
		C. 软为专业的信息处理能力	3
3	你对自己手机中的功能了解多少？	A. 信息的敏感度差	1
		B. 信息的敏感度一般	2
		C. 信息的敏感度很强	3
4	你是否随身携带记录工具？常带的工具是什么？	A. 获取信息的习惯不好	0
		B. 获取信息的习惯一般	1
		C. 获取信息的习惯较好	2
		D. 具有良好的信息获取习惯	3
5	在外出或异地旅游过程中，你是否走错过路？	A. 信息获取的素养较差	1
		B. 信息获取的素养较好	2
		C. 信息获取的素养很好	3
6	你有没有相信过虚假信息或被人骗过？	A. 辨别信息真伪的能力差	1
		B. 辨别信息真伪的能力较好	2
		C. 辨别信息真伪的能力很好	3
7	你写总结、报告或申请时觉得难吗？	A. 信息的搜集和表示能力差	1
		B. 信息的搜集和表示能力一般	2
		C. 信息的搜集和表示能力强	3
8	你与人交流时，有没有把一个问题翻来覆去解释给人家听？	A. 信息的表示能力差	1
		B. 这是不可能的现象	2
		C. 信息的表示能力较好	3
9	你办黑板报的水平如何？	A. 信息的手工表示能力差	1
		B. 信息的手工表示能力一般	2
		C. 信息的手工表示能力较好	3
10	你做电子排版的水平如何？	A. 信息的电子展示能力差	1
		B. 信息的电子展示能力较好	2
		C. 信息的电子展示能力很好	3
11	当突发事件发生时，你的表现是怎样的？	A. 信息决策的能力差	1
		B. 信息决策的能力一般	2
		C. 信息决策的能力较好	3
12	当因为你的决策而使某件事成功或失败，事后你会怎么做？	A. 没有什么信息评估意识和能力	1
		B. 具有一定的信息评估意识和能力	2
		C. 具有很强的信息评估意识和能力	3

续表

序号	问　　题	选项所体现的能力	分值
13	你坐公交车时会把钱包放在哪里?	A. 信息的安全意识一般	1
		B. 信息的安全意识较强	2
		C. 过度敏感的安全意识	3

说明：根据信息处理能力测试参考标准，测试者可以计算自己的得分，10~15 分：信息处理能力差；16~25 分：信息处理能力一般；26~32 分：信息处理能力良好；33~37 分，信息处理能力强。

五、训练结果

加深对信息处理内涵的理解，提高自身的信息素养。

训练 1.2　国产操作系统应用体验

一、训练目的

通过训练，掌握麒麟操作系统桌面版（V10 专业版）在虚拟化环境下的安装方法，学会系统的升级操作，能够进行系统个性化设置。

二、训练内容

（1）在虚拟机环境下安装麒麟操作系统桌面版。
（2）对系统进行升级更新。
（3）进行系统个性化设置。

训练 1.2

三、训练环境

Windows 10、VMware-workstation-full-16.1.2

四、训练步骤

1. 安装麒麟操作系统

（1）下载麒麟操作系统。下载麒麟操作系统 V10 sp1 桌面版镜像，可以通过麒麟软件官网申请试用。

① 访问麒麟软件官网地址：https://www.kylinos.cn/。

② 在官网首页选择"服务支持"→"产品试用申请"。

首先填写申请必要信息，如图 1-1 所示。

图 1-1   用户试用申请提交

③ 提交申请后，根据你的主机 CPU 类型来选择相应的系统镜像，如图 1-2 所示。这样下载的是经过针对该类型 CPU 硬件适配过的系统，会更加稳定，因此需要用户了解自己的硬件环境，比如 Intel、AMD、龙芯、兆芯、飞腾、海光等类型。

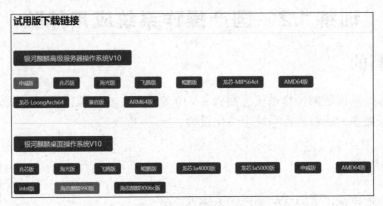

图 1-2   用户下载版本选择

因为我们当前所用的主机 CPU 为 Intel 系列，所以本次我们下载的是 Intel 版，下载镜像文件为 Kylin-Desktop-V10-SP1-HWE-Release-2303-X86_64.ISO。

（2）安装虚拟机环境。

① 选用版本 VMware-workstation-full-16.1.2。

② 可以通过 https://www.vmware.com/ 下载适用版本。

（3）安装麒麟操作系统桌面版。

① 创建虚拟机。创建虚拟机之前，选择一个硬盘驱动器根目录，然后创建安装 VMware Workstation 的目录，再在该目录下创建 Kylin Desktop V10 sp1 子目录，用于存放新建的麒麟系统的虚拟机。

打开 VMware Workstation，单击"创建新的虚拟机"选项，如图 1-3 所示，创建新的虚拟机。在新建虚拟机向导中选择"典型"安装配置，如图 1-4 所示。

下一步选择稍后安装操作系统。在客户机操作系统类别窗口要选择 Linux，版本为 "Ubuntu 64 位"，因为麒麟系统属于 Linux 类，所以要找一个大致相近的版本类别，如图 1-5 所示。

图 1-3 创建虚拟机

图 1-4 选择典型配置

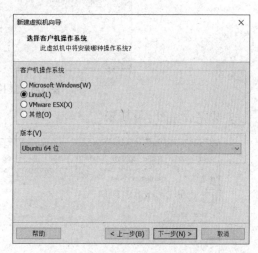

图 1-5 选择客户机操作系统类别

将虚拟机名称命名为 Kylin Desktop V10 sp1，如图 1-6 所示，位置设置为之前创建的目录。单击"下一步"按钮，设置磁盘容量，因为要开启系统备份恢复等功能，所以磁盘容量建议设置为 50GB，其他选项为默认值，如图 1-7 所示。

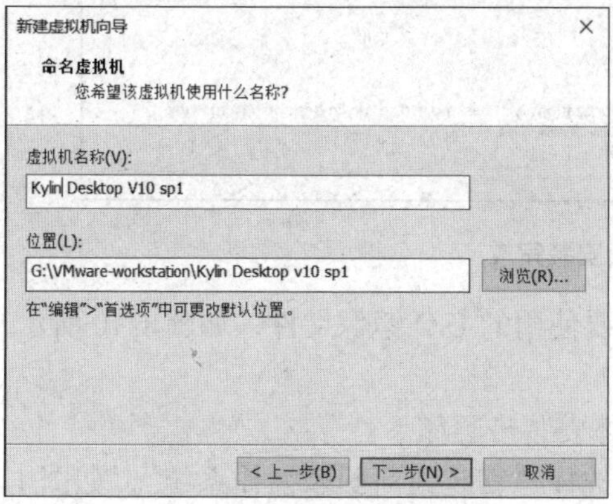

图 1-6 虚拟机命名及选择位置

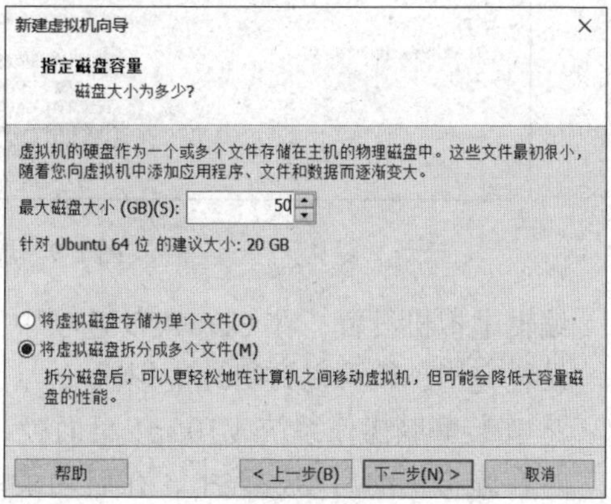

图 1-7 设置虚拟机磁盘容量

下一步显示该虚拟机的配置信息，如图 1-8 所示。

图 1-8　虚拟机配置信息

安装完成如图 1-9 所示。

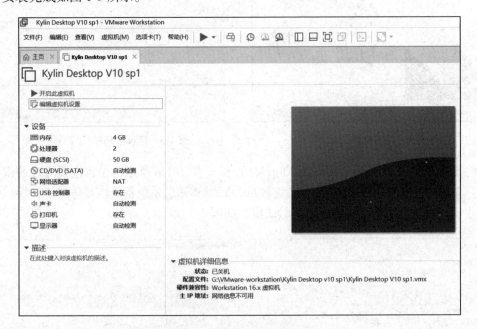

图 1-9　虚拟机安装完成

编辑虚拟机设置，在 CD/DVD 选项中设置要使用的 ISO 镜像文件，如图 1-10 所示。设置完毕，就可以开启此虚拟机。

② 安装麒麟操作系统 V10 sp1 桌面版。具体安装步骤如下：

a. 在虚拟机的启动过程中，在启动菜单中选择"安装银河麒麟操作系统"，如图 1-11 所示。进入语言选择界面，选择"中文（简体）"，如图 1-12 所示。

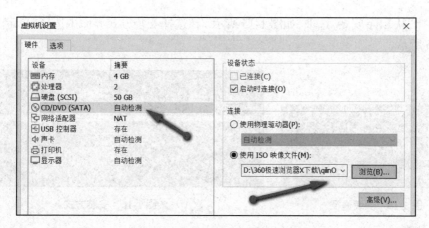

图 1-10　虚拟机设置

图 1-11　安装启动菜单

图 1-12　选择语言类型

b. 在许可协议界面勾选"我已经阅读并同意协议条款"复选框,如图 1-13 所示。单击"下一步"按钮,继续安装。在选择时区界面中选择"北京时区",如图 1-14 所示。

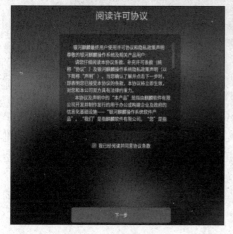

图 1-13　协议条款

图 1-14　选择时区

c. 选择"从 Live 安装"选项，如图 1-15 所示。在选择安装方式界面中选择"自定义安装"，如图 1-16 所示。

图 1-15　安装途径

图 1-16　安装方式

如果要在图 1-16 中新建分区，单击右侧的 "+" 按钮；如果要删除分区，单击 "–" 按钮。

首先创建两个主分区，一个挂载点是 "/boot"，大小设置为 1500MiB；另一个设置挂载点是 "/"，大小不能小于 15GiB（此处设为 15500MiB）。两个主分区的新分区的位置默认为 "剩余空间头部"，"用于" 选项选择 ext4，"挂载点" 为 "/boot" 和 "/"，如图 1-17 所示。

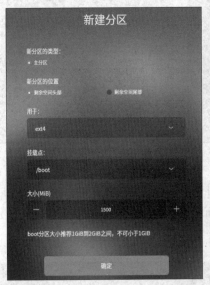

图 1-17　新建 boot 分区和根分区

新建逻辑分区。首先是 backup 分区，"新分区的位置" 默认为 "剩余空间尾部"，"用于" 选择 ext4，"挂载点" 为 "/backup"，"大小" 是 15500MiB。

再新建交换分区 swap，该分区的大小一般为实际内存大小的 2 倍，因为虚拟机设置的内存大小为 2GB，因此，这里应该设置为 4096MiB，约为 4GB。"用于" 选项中的类型可选择 linux-swap，"新分区的位置" 保持默认值，如图 1-18 所示。

接下来新建 "/data" 分区，"新分区的位置" 默认为 "剩余空间尾部"，"用于" 选项的类型选择 "用户数据分区"，"挂载点" 为 "/data"，如图 1-19 所示。

完成以上创建后，显示所有分区信息，如图 1-20 所示。

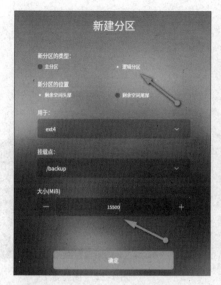

图 1-18　新建 backup 分区和 swap 分区

图 1-19　新建 data 分区

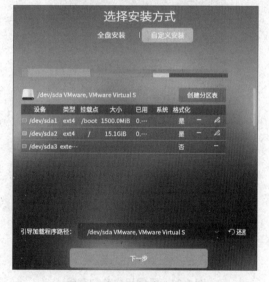

图 1-20　显示新建分区信息

　　d. 单击"下一步"按钮,确认自定义安装,如图 1-21 所示。接下来要创建账户,如图 1-22 所示。

　　选择"立即创建"后,进入"创建用户"界面,输入"用户名"和"密码"。密码设置规则为不少于 8 个字符,要包含两类不同字符,如图 1-23 所示。

　　e. 单击"下一步"按钮后,选择要安装的应用,如图 1-24 所示,安装系统将把选择的相关应用也一同安装到系统中。

　　下一步将进入自动安装过程,大概需要 10 分钟,等待安装完成,如图 1-25 所示。

图 1-21　确认安装

图 1-22　创建账户

图 1-23　设置用户名和密码

图 1-24　选择应用

图 1-25　安装完成

f. 重新启动系统，后进入菜单选择，默认选择第一个菜单，等待几秒后，系统开始启动，进入登录界面，输入安装之前新建的用户密码，如图 1-26 所示。

图 1-26　登录

登录完成后，进入系统桌面主界面，如图 1-27 所示。

2. 系统更新

系统更新是保持操作系统稳定性的重要手段之一。在日常使用过程中，我们会发现系统经常会推出补丁和更新，这些更新会对系统中的漏洞进行修复和安全性进行提升。通过及时更新麒麟操作系统，我们可以获得更好的用户体验和更高的系统稳定性。

（1）首先我们单击"开始"菜单，在"开始"菜单中找到"设置"选项，如图 1-28 所示，单击进入设置页面。

图 1-27　系统主界面　　　　　图 1-28　系统"开始"菜单

（2）在"设置"页面单击"更新"选项，如图 1-29 所示。

（3）接着进入系统更新页面，之后单击"自动更新"按钮，后续系统就会自动进行升级操作，并会自动检测可用的更新，找到以后单击"开始"按钮，即可进行系统升级更新设置，如图 1-30 所示。

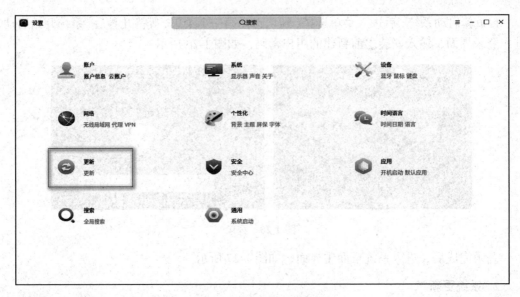

图 1-29　单击"更新"选项

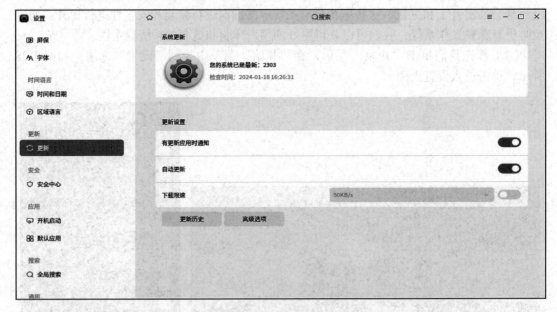

图 1-30　更新设置

3. 个性化设置

麒麟操作系统为用户提供丰富的个性化设置选项，用户可以根据自己的习惯及喜好对麒麟操作系统进行个性化设置，通过个性化得到更好的使用体验。

（1）设置桌面主题。用户在进入麒麟操作系统界面后，选择"开始"菜单→"设置"命令，在打开的控制面板中选择"个性化"选项，打开"主题"界面，如图 1-31 所示。

系统为用户默认提供多种主题模式，在这里可以设置不同的图标样式和窗口样式。

（2）设置背景个性化。用户可以对桌面背景进行个性化设置，更换成个人喜欢的背景

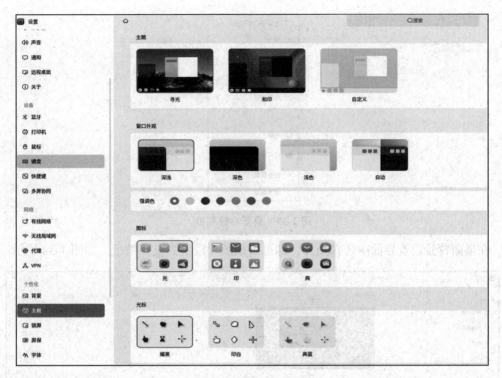

图 1-31 个性化主题

图片。打开桌面背景设置界面的方法有以下两种。

　　方法一：选择"开始"菜单→"设置"命令，在"个性化"界面中单击"背景"选项，如图 1-32 所示。

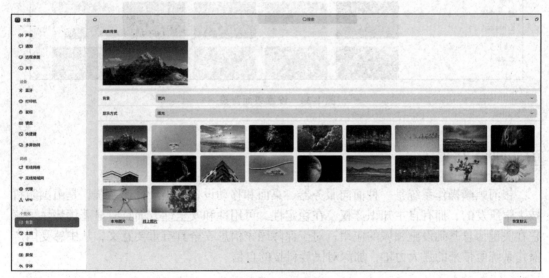

图 1-32 背景设置

　　方法二：在桌面任意空白处右击，在弹出的菜单中选择"设置背景"命令，如图 1-33所示。

图 1-33 桌面右键菜单

在桌面背景设置界面中选择图片，即可将该图片设置为桌面壁纸，如图 1-34 所示。

图 1-34 设置桌面背景

五、训练结果

银河麒麟操作系统是一种面向服务器、桌面和移动设备的国产操作系统，是由国防科技大学研发的，拥有自主知识产权，在稳定性、可用性和安全性方面具有显著优势。了解它在关键信息基础设施领域的应用，对于保障国家信息安全具有重要意义，从中感受国产操作系统所带来的强大力量，加深对民族科技的自信。

综合实训 2　图文处理技术

训练 2.1　制作个人简历

一、训练目的

通过训练，掌握 WPS 文字中文本框、图形、表格的插入与编辑方法。

二、训练内容

根据自身情况，制作一份图文并茂的个人简历。

训练 2.1

三、训练环境

Windows 10、WPS Office

四、训练步骤

1. 将文本转换为表格

（1）选中素材中的所有文字。

（2）设置中文字体为"宋体"，西文字体为 Times New Roman，字号为"五号"，如图 2-1 所示。

（3）单击"插入"选项卡中的"表格"按钮，在下拉列表中选择"文本转换为表格"选项，打开"将文字转换成表格"对话框。在对话框中设置表格列数为 1，"文字分隔位置"选择"段落标记"，单击"确定"按钮，如图 2-2 所示。

2. 调整表格样式

（1）单击表格左上角图标⊞，选中整个表格。

（2）单击"表格工具"选项卡中的"对齐方式"按钮，选择"中部两端对齐"命令，如图 2-3 所示。

（3）右击并选择"中部两端对齐"命令，如图 2-3 所示。

单击"表格工具"选项卡中的"插入"按钮，在下拉列表中选择"在左侧插入列"，如图 2-4 所示，在表格左侧插入一列，成为两列的表格。

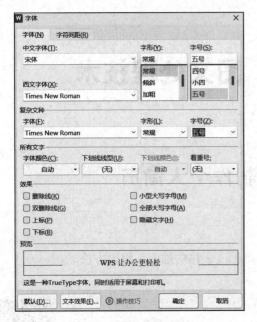

图 2-1　设置字体、字号

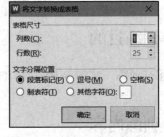

图 2-2　将文字转换成表格

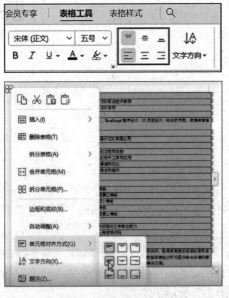

图 2-3　选择对齐方式

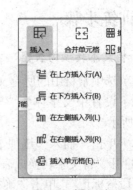

图 2-4　插入列

将光标置于表格第一列右边框线上，当光标变为 ◀▮▶ 时，按下鼠标左键并拖动鼠标，调小左侧列的宽度；用同样的方法调小右侧列的列宽，效果如图 2-5 所示。

3. 添加项目符号

（1）选中"工作描述"下方的 5 行内容。

（2）单击"开始"功能选项卡，单击"项目符号"按钮旁的下三角 ☰ ▾，在下拉列表中选择"带填充效果的钻石菱形项目符号"，效果如图 2-6 所示。

	教育背景
	2019 年 9 月— 2022 年 7 月 中职 计算机应用技术专业 福州××职业技术学院
	2022 年 9 月— 2025 年 7 月 大专 计算机应用技术专业 福建××学院
	主修课程
	信息技术应用基础、程序设计基础、Web 编程基础、JavaScript 程序设计、UI 设计、响应式布局、数据库管理与应用、PHP 程序设计、数据结构与算法
	实习经历
	2022 年 6 — 8 月 ××计算机培训中心　福州××有限公司
	工作描述
	参与计算机硬件的组装和维护，了解不同硬件部件的功能和性能进行操作系统和应用程序的安装与配置，熟悉常见的软件工具和应用
	完成网络设备的连接和配置，了解网络通信的基本原理和协议
	参与数据库的建立和维护，了解数据库管理的基本概念和操作
	完成简单的编程任务，了解编程语言和算法的应用
	获奖证书
	2022 年 11 月荣获第九届海峡两岸职业技能大赛省级二等奖
	2023 年 02 月荣获第九届一带一路暨金砖国家技能大赛国赛三等奖
	2023 年 10 月荣获第十届金砖国家职业技能信创赛项省级二等奖
	2023 年 10 月荣获第十届海峡两岸职业技能大赛省级二等奖
	2023 年 11 月荣获第十届一带一路暨金砖国家技能大赛国赛二等奖
	专业技能
	熟练掌握 Word、Excel、PowerPoint 等常用办公软件，有较强的文字表达能力
	熟悉网页制作，熟悉 HTML、CSS、JavaScript、jQuery 等前端代码
	熟悉 Linux 操作及程序的编写
	自我评价
	我具有优秀的沟通能力和团队合作精神，能够与不同背景的人有效地沟通和协作。我具有高度的自我约束和自我管理能力，能够在压力下保持冷静，高效地完成任务。我注重细节和精度，能够准确地分析问题并给出合理的解决方案。我具备创新思维和解决问题的能力，能够在复杂的情况下提出创新的解决方案

图 2-5　插入新列后的效果

工作描述
◆ 参与计算机硬件的组装和维护，了解不同硬件部件的功能和性能
◆ 进行操作系统和应用程序的安装与配置，熟悉常见的软件工具和应用
◆ 完成网络设备的连接和配置，了解网络通信的基本原理和协议
◆ 参与数据库的建立和维护，了解数据库管理的基本概念和操作
◆ 完成简单的编程任务，了解编程语言和算法的应用

图 2-6　添加项目符号

（3）使用上述方法为素材中的“专业技能”下方三行内容添加相同的项目符号。

4. 合并表格

（1）选中“教育背景”内容的单元格，右击并选择“合并单元格”命令，可以合并单元格。用同样的方法将“实习经历”“获奖证书”“专业技能”栏目下内容单元格合并，如图 2-7 所示。

（2）单击“开始”选项卡，设置“教育背景”“主修课程”“实习经历”“获奖证书”“专业技能”“自我评价”的字体为“宋体（正文）”，字号为“四号”，设置方法如图 2-8 所示。

设置背景色与字体颜色。单击“开始”选项卡，单击 A· 右边的箭头并选择“白色，背景 1”。选中表格，单击“表格样式”，单击“底纹”旁的小三角并选择“矢车菊蓝，着色 1，浅色 60%”。

合并左列的所有单元格，效果如图 2-9 所示。

5. 插入形状

（1）单击“插入”选项卡中的“形状”按钮，在下拉列表中选择“矩形”，在左侧单元格绘制一个矩形。

（2）调整矩形大小至合适，可以用键盘上的上、下、左、右键微调形状的位置。

（3）单击“绘图工具”选项卡中的“填充”按钮，在下拉列表中选择“渐变”命令，打开右侧的属性栏，选择“渐变填充”“线性渐变”并设置好合适的渐变颜色（可默认选择与之前填充底纹颜色同色系的渐变），以及选择“无线条”。单击“绘图工具”选项卡中的“环绕”按钮，在下拉列表中选择“衬于文字下方”选项。设置方法如图 2-10 所示。

	教育背景
	2019 年 9 月— 2022 年 7 月 中职 计算机应用技术专业 福州××职业技术学院
	2022 年 9 月—2025 年 7 月 大专 计算机应用技术专业 福建××学院
	主修课程
	信息技术应用基础、程序设计基础、Web 编程基础、JavaScript 程序设计、UI 设计、响应式布局、数据库管理与应用、PHP 程序设计、数据结构与算法
	实习经历
	2022 年 6 — 8 月 ××计算机培训中心　福州××有限公司
	工作描述
	◆ 参与计算机硬件的组装和维护，了解不同硬件部件的功能和性能
	◆ 进行操作系统和应用程序的安装与配置，熟悉常见的软件工具和应用
	◆ 完成网络设备的连接和配置，了解网络通信的基本原理和协议
	◆ 参与数据库的建立和维护，了解数据库管理的基本概念和操作
	◆ 完成简单的编程任务，了解编程语言和算法的应用
	获奖证书
	2022 年 11 月荣获第九届海峡两岸职业技能大赛省级二等奖
	2023 年 02 月荣获第九届一带一路暨金砖国家技能大赛国赛三等奖
	2023 年 10 月荣获第十届金砖国家职业技能创赛项省级二等奖
	2023 年 10 月荣获第十届海峡两岸职业技能大赛省级二等奖
	2023 年 11 月荣获第十届一带一路暨金砖国家技能大赛国赛二等奖
	专业技能
	◆ 熟练掌握 Word、Excel、PowerPoint 等常用办公软件，有较强的文字表达能力
	◆ 熟悉网页制作，熟悉 HTML、CSS、JavaScript、jQuery 等前端代码
	◆ 熟悉 Linux 操作及程序的缩写
	自我评价
	我具有优秀的沟通能力和团队合作精神，能够与不同背景的人有效地沟通和协作。我具有高度的自我约束和自我管理能力，能够在压力下保持冷静，高效地完成任务。我注重细节和精度，能够准确地分析问题并给出合理的解决方案。我具备创新思维和解决问题的能力，能够在复杂的情况下提出创新的解决方案

图 2-7　合并表格

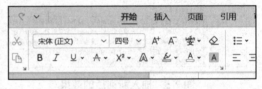

图 2-8　设置字体、字号

图 2-9　设置底纹

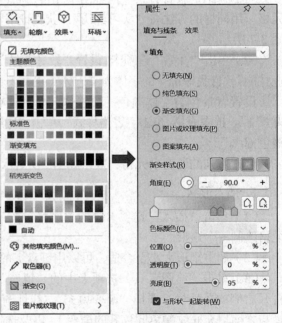

图 2-10　形状填充

6. 插入照片

（1）单击"插入"选项卡，单击"图片"下拉菜单中的"本地图片"选项，打开"插入图片"对话框，在对话框中选择素材图片的位置及照片名，单击"确定"按钮插入照片。

（2）选中照片，单击"图片工具"选项卡中的"环绕"按钮，在下拉列表中选择"浮于文字上方"选项。

（3）调整照片的大小，并用鼠标将照片移动至左侧矩形上部居中的位置，效果如图 2-11 所示。

图 2-11　插入图片

7. 插入文本框

（1）单击"插入"选项卡中的"文本框"，在下拉菜单中选择"横向"按钮，在照片的下方绘制出一个文本框。

（2）在文本框内输入"姓名"以及"求职意向"信息，并适当调整文字的格式。

（3）选中文本框，调整文本框大小与位置。在"绘图工具"选项卡中分别选择"填充"和"轮廓"按钮，设置"无填充""无边框轮廓"，或者在右侧属性栏中设置也可以，如图 2-12 所示。

图 2-12　文本框的设置

（4）用同样的方法，在这个文本框的下方再次插入一个文本框，输入"出生日期""住址"等文字信息，并设置合适的字体颜色、大小与对齐方式。

五、训练结果

训练结果如图 2-13 所示。

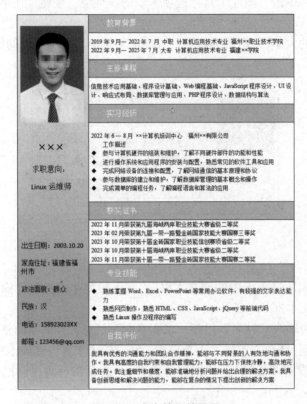

图 2-13　个人简历效果图

训练 2.2　编排比赛规程书

一、训练目的

通过训练，掌握设置样式、大纲级别、目录及页眉页脚的方法，熟悉长文档的编排技巧。

二、训练内容

为系部学生技能竞赛编排比赛规程书。

训练 2.2

三、训练环境

Windows 10、WPS Office

四、训练步骤

1. 打开原始文档

双击打开"比赛规程（原始）.docx"文档，查看、熟悉文档内容。

2. 为表格添加题注

选中文档第二页中的表格，单击"引用"选项卡中的"题注"按钮，打开"题注"对话框。在对话框中，选择"标签"为"表"，"位置"为"所选项目上方"，并为表格添加题注内容，如图 2-14 所示。单击"确定"按钮，完成第一张表格的题注编辑。

用相同的方法，分别选中剩下的四张表格，为其添加题注，题注内容如图 2-15 所示。

图 2-14　题注内容

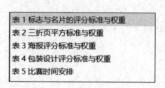

图 2-15　全部表格题注内容

3. 修改文本样式

（1）修改与应用"正文"样式。单击"开始"选项卡中的"正文"样式，在下拉菜单中选择"修改样式"命令，如图 2-16 所示。

在弹出的"修改样式"对话框中单击下方的"格式"按钮，设置段落格式，"行距"设为"1.5 倍"，如图 2-17 所示。

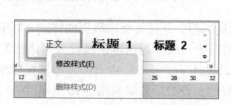

图 2-16　选择"修改样式"命令

图 2-17　设置"正文"样式

　　单击"确定"按钮，完成"正文"样式的设置。"正文"样式是文档中的默认样式，其他样式也是在它的基础上修改而来，它的修改也会影响其余样式的格式。所以，当修改"正文"样式后，全文的行距都变成了1.5倍。

　　（2）修改与使用标题样式。用同样的方式修改"标题1"样式，将字体设置为"宋体""三号"，并将"段落"中的"行距"设置为"1.5倍行距"，"段前"设为"15磅"，"段后"设为"15磅"。单击"确定"按钮，完成修改。

　　使用同样的方法，修改"标题2"的字体大小，改为"宋体""小三号""1.5倍行距"，"段前"为"10磅"，"段后"为"10磅"。修改"标题3"为"宋体""小四号""1.5倍行距"，"段前"为"10磅"，"段后"为"10磅"。

　　（3）打开导航窗格。为了方便观察，在"视图"选项卡中单击"导航窗格"将其打开。单击窗格中的"智能识别目录"按钮，在弹出的对话框中单击"确定"按钮，如图2-18所示，此时就可以在"导航窗格"中看到文章的结构。单击某个标题就可以跳转到该位置，如图2-19所示。

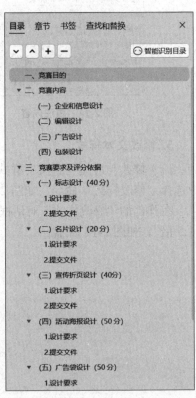

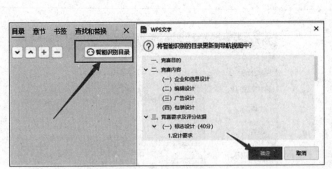

图 2-18　智能识别目录　　　　　图 2-19　导航窗格内的文档目录结构

　　（4）设置标题样式。单击导航窗格内各个级别的标题，并设置相应级别的样式。如单击"竞赛目的""竞赛内容""竞赛要求及评分依据"等一级标题内容，设置为"标题1"样式。如单击"（一）企业和信息设计""（二）编辑设计""（三）广告设计"等二级标题内容，设置为"标题2"样式。全文总共设置三级标题。设置后效果如图2-20所示。

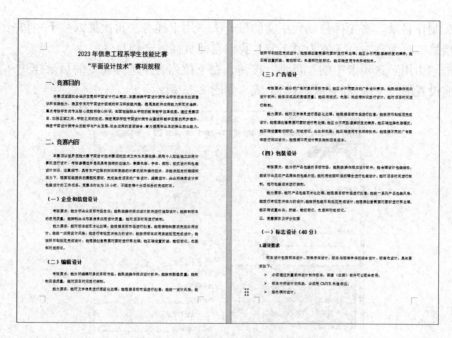

图 2-20　设置标题样式后的局部效果

4. 插入封面与目录页

（1）制作封面。将光标停留在文档标题"2023 年信息工程系学生技能竞赛'平面设计技术'赛项规程"的最末尾（即"程"字之后），单击"插入"选项卡中的"分隔符"按钮，在下列列表中选择"下一页分节符"，此时，标题所在的第一页为第 1 节，正文为第 2 节。

标题单独位于第一页。编辑标题文字格式，适当编辑标题文字至合适大小，插入必要文字信息与日期，封面效果图（图 2-21）可供参考。其中日期的插入方法是：单击"插入"选项卡下的"文档部件"，选择"日期"命令，在弹出的对话框中选择合适的日期格式，如图 2-22 所示。

图 2-21　封面效果图

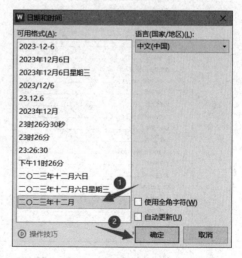

图 2-22　"日期和时间"对话框

（2）制作目录。将光标移动到正文的最开头，用上述方法再次插入"下一页分节符"，此时文档第二页为空白页，成为第2节，我们在此页插入文档目录。

单击"引用"选项卡中的"目录"按钮，在下拉列表中选择需要的目录样式，目录将依据之前设置的三个级别的标题自动生成，如图2-23所示。

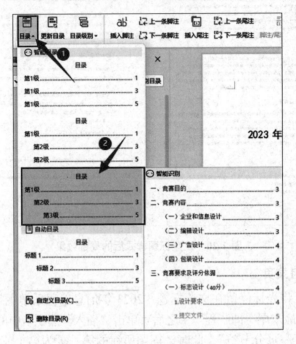

图 2-23　插入目录

将"目录"两字的样式设置成为"标题1"，目录内容文字设置成为"宋体""小四号""1.5倍行距"，效果如图2-24所示。

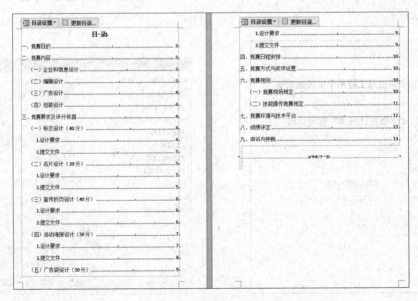

图 2-24　目录效果图

5. 设置文档页眉

（1）显示段落标记。为了方便观察分节情况，建议显示段落标记。单击"开始"选项卡，选择"显示 / 隐藏段落标记"命令，如图 2-25 所示。这样可以看到前面插入的分节符的数量与位置。前面已经两次插入"下一页分节符"，再设置封面为第 1 节，目录为第 2 节，正文为第 3 节。

（2）设置页眉。页眉设置要求：单击"插入"选项卡中的"页眉页脚"按钮，将光标停留在第 2 页的页眉处。在"页眉页脚"选项卡中勾选"奇偶页不同"选项，并取消选择"页眉同前节"等其他选项，如图 2-26 所示。再在第 2 节偶数页页眉处输入文字"目录"。在第 2 节奇数页页眉处，保持只勾选"奇偶页不同"选项，输入"2023 年信息工程系学生技能竞赛"。

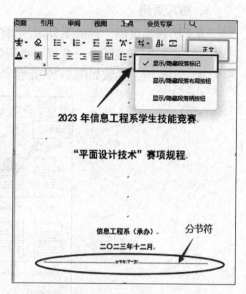

图 2-25 显示 / 隐藏段落标记

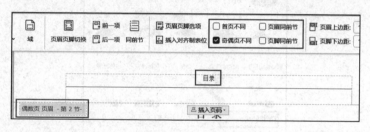

图 2-26 设置页眉

将光标移至第 3 节页眉处，同样在"页眉页脚"选项卡中勾选"奇偶页不同"选项，并取消选择"页眉同前节"等其他选项。设置第 3 节偶数页页眉为"'平面设计技术'赛项规程"，如图 2-27 所示。

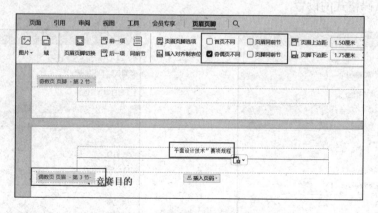

图 2-27 设置第 3 节偶数页页眉

此时，第 3 节奇数页页眉处默认和第 2 节奇数页内容相同，即"2023 年信息工程系学生技能竞赛"，不必再改动。至此，页眉设置完毕。

6. 插入页码

为文档添加页码（封面不显示）。将光标置于第 2 节（目录页内），单击"插入"选项卡中的"页码"下拉菜单，选择"页码"命令，如图 2-28 所示。设置页码的样式、位置、编号及应用范围，参数如图 2-29 所示。

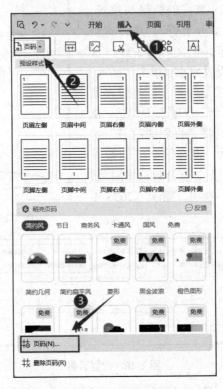

图 2-28　插入页码

用同样的方法，将光标置于第 3 节正文页内，设置页码格式如图 2-30 所示。这样就完成了两种页码格式的设置。

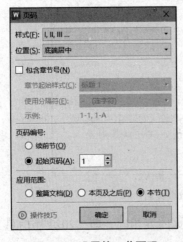

图 2-29　设置第 2 节页码

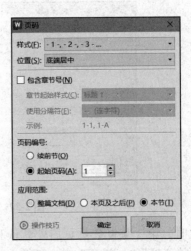

图 2-30　设置第 3 节页码

五、训练结果

训练结果如图 2-31 所示。

图 2-31　训练结果（部分）

训练 2.3　制作公司员工联系卡

一、训练目的

通过训练，掌握 WPS 文字中表格的制作与编辑方法，熟悉邮件合并操作。

二、训练内容

根据公司员工信息，制作员工联系卡。

训练 2.3

三、训练环境

Windows 10、WPS Office

四、训练步骤

1. 准备公司员工信息表

利用 Excel 制作公司员工信息表，包含居民的姓名、性别、年龄、住址、照片等需要出现在联系卡中的信息。为了能够制作带照片的联系卡，使用 WPS 表格制作信息表时，照片一列输入照片的名称。公司员工信息表如图 2-32 所示。

	A	B	C	D	E	F	
1	姓名	性别	出生年月	联系电话	社区电话	家庭住址	证件照
2	张三	女	1995/5/12	13800000001	23000000001	广东省东莞市东城区裕华路22号	1
3	李四	女	1985/7/4	15900000002	27900000002	辽宁省沈阳市和平区中街路15号	2
4	王五	女	1992/12/31	13600000003	65700000003	湖北省武汉市江岸区江汉路33号	3
5	赵六	女	1992/11/16	18800000004	44800000004	广东省深圳市福田区华强北街道华航路88号	4
6	孙七	女	1993/11/29	13100000005	47700000005	江苏省南京市玄武区北京东路68号	5
7	周八	女	1997/12/24	15300000006	5750000006	西藏自治区拉萨市城关区布达拉大道中段77号	6
8	吴九	女	1989/12/31	13555557898	6277777999	天津市滨海新区大连道44号	7

图 2-32　数据源文件内容

2. 邮件合并制作联系卡

（1）新建一个 WPS 文字文档。

（2）制作主文档。在当前文档中制作公司员工联系卡，效果如图 2-33 所示。

公司员工联系卡

	姓名：
	性别：
	出生年月：
	联系电话：
	社区电话：
家庭住址：	

图 2-33　公司员工联系卡效果图

（3）选择联系人。选择"引用"选项卡中的"邮件"命令，在"邮件合并"选项卡中单击"打开数据源"对话框，如图 2-34 所示，选择对应的数据源表格文档，单击"打开"按钮。

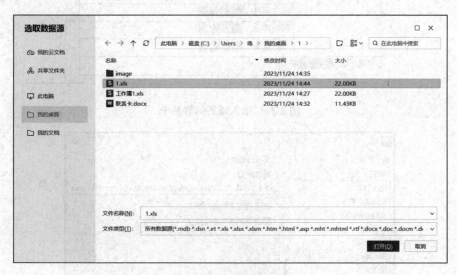

图 2-34 选取数据源

（4）编辑收件人列表。单击"邮件合并"选项卡中的"收件人"，打开"邮件合并收件人"对话框，在此列表中可以选择需要合并的数据信息，如图 2-35 所示。

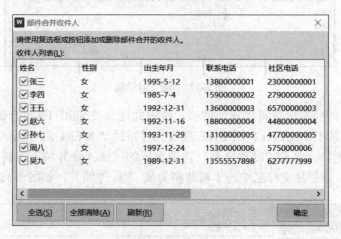

图 2-35 收件人列表

（5）插入合并域。将光标置于联系卡中姓名后，单击"邮件合并"选项卡中的"插入合并域"按钮，在"插入域"对话框下拉列表中选择"姓名"，则在联系卡姓名后中插入了域。用同样的方法，在联系卡中除照片位置外的相应位置插入域，插入域后如图 2-36 所示。

将光标置于照片位置，在"插入"选项卡的"文本"组中单击"文档部件"按钮，在下拉列表中选择"域"选项，打开"域"对话框。在对话框中选择"插入图片"，在域代码后面填写照片所在的路径，注意要按正确的格式填写，将文件路径中的"/"改为"//"（可参照下方的"应用举例"），单击"确定"按钮，如图 2-37 所示。

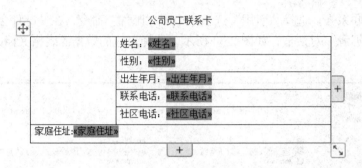

图 2-36　插入域后的联系卡

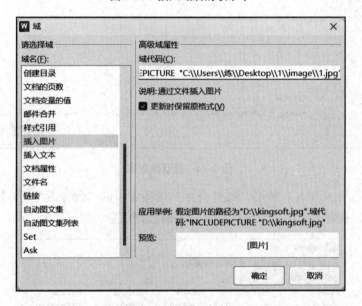

图 2-37　"域"对话框

此时联系卡的照片位置将出现证件照。选中此处，按 Shift+F9 组合键切换出域代码，此处将显示出域名 {INCLUDEPICTURE 照片文件路径 * MERGEFORMAT}。将文件路径中 1.jpg 中的 1 删除，单击"邮件合并"选项卡下的"插入合并域"按钮，在下拉列表中选择"证件照"，原照片文件名中的 1 被替换为域"《证件照》"，如图 2-38 所示。

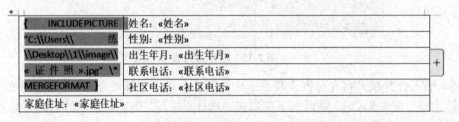

图 2-38　修改域代码

（6）在一个页面上显示多条记录。将光标放在表格下面，选择"邮件合并"选项卡，单击"插入 Next 域"按钮，将表格复制及粘贴一份，插入完再复制并粘贴一份，以此类推，直至显示出需要的记录数，效果如图 2-39 所示。

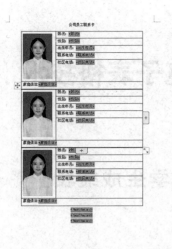

图 2-39　显示多条记录

（7）完成邮件合并。单击"邮件"选项卡，打开"合并到新文档"对话框（图 2-40），在对话框中选择"全部"单选按钮，再单击"确定"按钮。

如果显示的每张照片都一样，则在合并的新文档中，使用 Ctrl+A 组合键全选文档内容，然后按住 F9 键刷新文档，这样就可以得到想要的效果了。

图 2-40　"合并到新文档"对话框

五、训练结果

训练结果如图 2-41 所示。

图 2-41　公司员工联系卡效果图

综合实训 3　电子表格技术

训练 3.1　制作学生成绩表

一、训练目的

通过训练，掌握 WPS 表格的基本概念和使用方法，了解其特点和优势。学会使用 WPS 表格进行数据处理和分析，包括数据的输入、编辑、格式化等操作。

二、训练内容

学期初，每个辅导员需要统计班级学生上学期末成绩情况，需要做到以下几个内容排版要求，并汇总本专业同学的各科成绩，方便高效地查看、分析成绩。具体要求如下：

（1）录入本专业两个班学生的各科成绩。

（2）调整、设置表格及单元格格式样式，使表格更加整洁、美观。

（3）利用条件格式突出显示部分重要数据。

（4）保护表格内容，保存工作簿。

训练 3.1

三、训练环境

Windows 10、WPS Office

四、训练步骤

1. 新建 WPS 表格

单击"开始"按钮，在"搜索应用"栏中输入"WPS"，找到"WPS Office 应用"并双击，启动该程序。依次单击"表格"→"空白表格"。

2. 将"Sheet1"改名为"学生成绩表"

右击页面下方的 Sheet1 标签，在弹出的菜单中选择"重命名"命令，输入"学生成绩表"，如图 3-1 所示。

3. 输入表格标题及列标题

在单元格 A1 中输入标题"18 电子技术专业 1、2 班期末成绩汇总"。在 A2:I2 单元格内分别输入"学号、姓名、班级、性别、高数、外语、计算机、数电笔试、数电实训"9 个列名。

4. 输入学生学号和姓名

因为该专业 1、2 班学生学号是连续的，因此我们只需要输入第一个学生的学号"201801201"，然后将光标置于该单元格右下角小方块处，光标变为实心"+"时，向下拖曳至 A19 单元格，即可完成学号的自动填充。注意填充选项要选择"填充序列"。最后，输入与学号相对应的学生姓名，如图 3-2 所示。

这里相当于用填充柄填充差值为 1 的等差数列。同理，我们也可以通过填充柄填充其他差值的等差数列，比如差值为 3 的等差数列的填充，起始值为 1，可以在需要填充的方向（下方单元格或右边单元格）填入 4，拖曳鼠标选中这两个值，右下方出现实心"+"符号时拖曳鼠标进行填充。

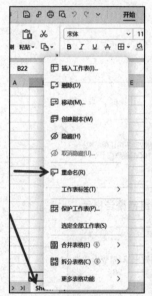

图 3-1　更改表名　　　　图 3-2　输入学号与姓名

5. 录入性别、班级与各科成绩

在输入性别时,先使用"数据有效性"将性别这一列的数据值限定为只允许"男""女"两个值，并用序列方式填写。选择"数据"选项卡下的"数据有效性"功能，在弹出的对话框中设置，如图 3-3 所示。

接下来对各科成绩设置有效数据的范围为"1~100"。用鼠标选择 E3:I19 单元格区域，并打开"数据有效性"对话框，设置如图 3-4 所示。再设置出错警告，如图 3-5 所示。运行程序后，如果输入错误的数据，就会出现如图 3-6 所示的提示信息。

最后，录入班级、性别及各科成绩，如图 3-7 所示。

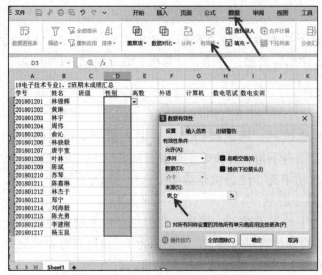

图 3-3 设置"性别"列的数据有效性　　　　图 3-4 为成绩设置有效数据范围

图 3-5 设置出错警告

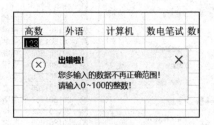

图 3-6 出错警告提示

	A	B	C	D	E	F	G	H	I
1	18电子技术专业1、2班期末成绩汇总								
2	学号	姓名	班级	性别	高数	外语	计算机	数电笔试	数电实训
3	201801201	林锦辉	1班	男	86	86	65	78	88
4	201801202	黄琳	1班	女	66	83	74	77	64
5	201801203	林宇	1班	男	88	77	83	92	84
6	201801204	周伟	1班	男	78	90	92	88	70
7	201801205	俞沁	1班	女	79	83	78	84	89
8	201801206	林骁毅	1班	男	90	74	74	64	84
9	201801207	唐宇宽	1班	男	84	68	72	78	68
10	201801208	叶林	1班	男	83	86	84	70	79
11	201801209	陈斌	2班	男	78	83	88	88	65
12	201801210	苏琴	2班	女	77	71	91	89	64
13	201801211	陈嘉琳	2班	女	72	70	64	91	70
14	201801212	林杰于	2班	男	70	69	64	68	79
15	201801213	郑宁	2班	女	68	88	85	85	75
16	201801214	刘海毅	2班	男	89	89	68	58	72
17	201801215	陈光勇	2班	男	73	75	85	89	68
18	201801216	李建刚	2班	男	91	78	75	79	84
19	201801217	杨玉昆	2班	男	58	77	80	65	79

图 3-7 数据录入后效果

6. 设置标题字体与对齐方式（标题居中等）

首先选中 A1:I1 单元格区域，然后单击"开始"选项卡下的"合并后居中"按钮，使单元格合并，并且内容居中显示。再将标题"18电子技术专业1、2班期末成绩汇总"文字设置为"黑体""18"号字体大小，如图 3-8 所示。

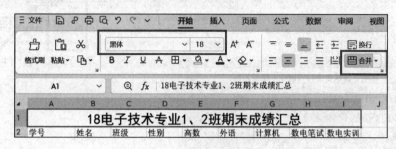

图 3-8 设置标题文字

7. 设置行高列宽

用鼠标拖曳选中 A 列到 I 列，再单击"开始"选项卡中的"行和列"按钮，设置列宽为 10 字符，如图 3-9 所示。

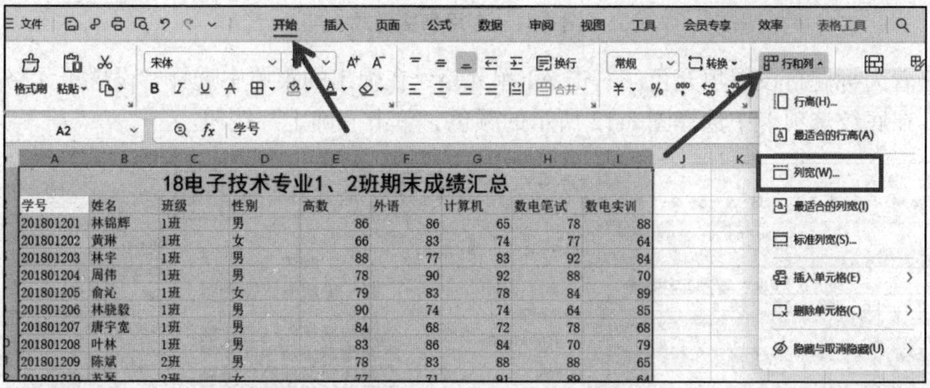

图 3-9 "列宽"设置

用同样的方法设置标题行行高为 30 磅，其余行高为 20 磅。再使用"开始"选项卡下的"居中"按钮将除标题行外的所有数据设置为水平居中、垂直居中，效果如图 3-10 所示。

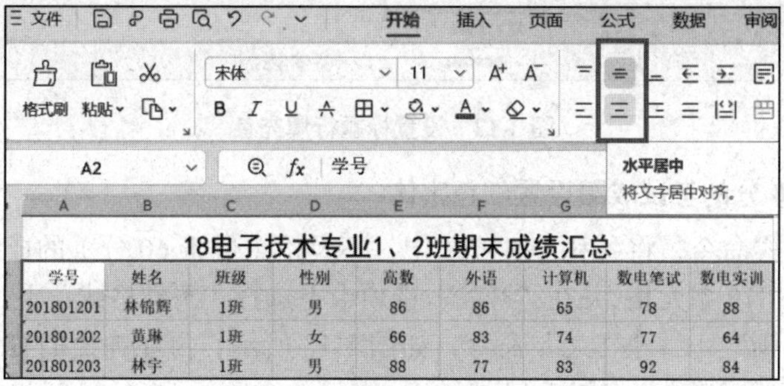

图 3-10 "居中"设置效果

8. 套用表格样式

选中 A2:I19 单元格区域，单击"开始"选项卡下"套用表格样式"中的"表样式 2"选项，如图 3-11 所示。

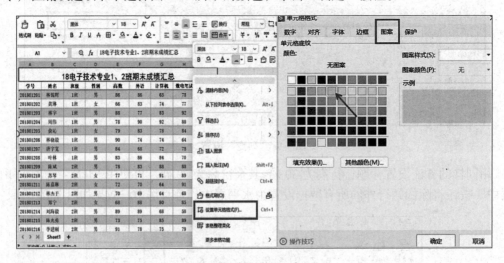

图 3-11　套用表格样式

接着为标题行设置填充色。右击 A1 单元格，在弹出的菜单中选择"设置单元格格式"命令，在底纹选项卡中选择图 3-12 所示的颜色，单击"确定"按钮。

图 3-12　设置标题行填充色

9. 将低于 60 分的考试成绩设置红色字体

使用条件格式命令，将各科考试成绩中，不及格（低于 60 分）的成绩设置为红色字体。首先选中 E3:I19 单元格，并在"开始"选项卡下选择"条件格式"下拉菜单，选择"突出显示单元格规则"→"小于 ..."命令，如图 3-13 所示。再在弹出的对话框中设置条件格式为"60""红色文本"，如图 3-14 所示。

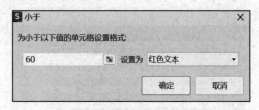

图 3-13　"条件格式"下拉菜单　　　　　图 3-14　设置条件格式

10. 备份工作表

完成表格编辑后，可以为表格建立备份，防止之后操作失误而出现数据丢失或错误。右击窗口左下方"学生成绩表"表标签，选择"创建副本"命令，单击"确定"按钮，如图 3-15 所示。再将副本"学生成绩表（2）"改名为"学生成绩表（备份）"。

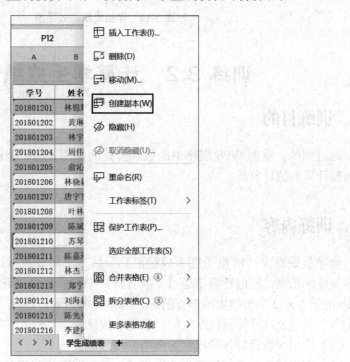

图 3-15　建立表格副本

最后保存工作簿，并将工作簿重命名为"18 电子期末成绩"。

五、训练结果

训练结果如图 3-16 所示。

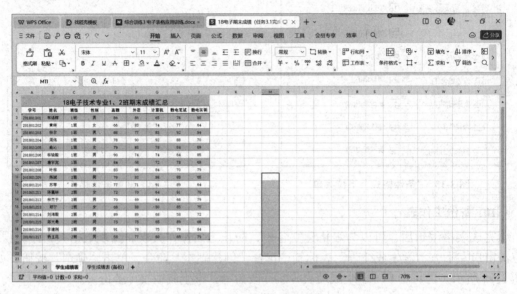

图 3-16　学生成绩表效果图

训练 3.2　计算学生成绩数据

一、训练目的

通过训练，掌握 WPS 表格中函数和公式的使用方法，能够运用函数和公式进行复杂的数据计算和统计分析。

二、训练内容

辅导员编辑完"18 电子期末成绩汇总"后，又需要通过计算个人总分及排名作为奖学金发放的依据。同时还希望通过了解各科目平均分及两个班成绩对比数据，来进一步了解 18 电子专业 2 个班学生的学习情况，具体要求如下：

（1）通过公式计算每位学生的"数电总成绩"。

（2）应用函数计算各科成绩的最高分与最低分。

（3）应用函数计算每位学生的平均分，并按照平均分排名。

（4）标示出获得奖学金的情况。

（5）对比 1、2 班高分人数及平均分情况。

三、训练环境

Windows 10、WPS Office。

训练 3.2

四、训练步骤

1. 计算数字电路总成绩

打开"成绩计算 .xlsx"，在"学生成绩表"中计算"数电总成绩"（总成绩 = 笔试成绩 ×0.6+ 实训成绩 ×0.4）。单击 J3 单元格，并在其中输入"=H3*0.6+I3*0.4"。用自动填充柄拖曳得出所有学生的数电总成绩。选中 J3:J19 单元格区域，在右键快捷菜单中选择"设置单元格格式"命令，在"数字"选项卡中选择"数值"，并设置小数位数为 0，如图 3-17 所示，最后效果如图 3-18 所示。

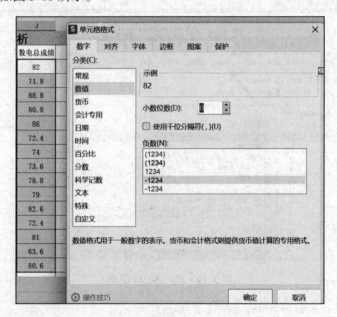

图 3-17　设置数值的小数位数

2. 计算学生的四科平均分

先计算四科总学分。单击 P7 单元格，单击"公式"选项卡中的"插入"按钮，打开"插入函数"对话框中，在对话框中选择 SUM 函数。单击"确定"按钮，打开"函数参数"对话框，设置参数如图 3-19 所示，单击"确定"按钮，这样就完成了四门学科总学分的计算。

接下来计算第一位学生的平均分，四科平均分是按各科学分权重比例决定，公式如图 3-20 所示。其中各科学分选取时是绝对引用，可以在选取了 P3、P4、P5、P6、P7 时按 F4 键。公式输入完毕，按 Enter 键计算得出第一位学生的"平均分"，然后利用填充柄填充其他学生的"平均分"。并设置单元格格式，K3:K19 单元格设置为"数值"，"小数位数"设为两位。

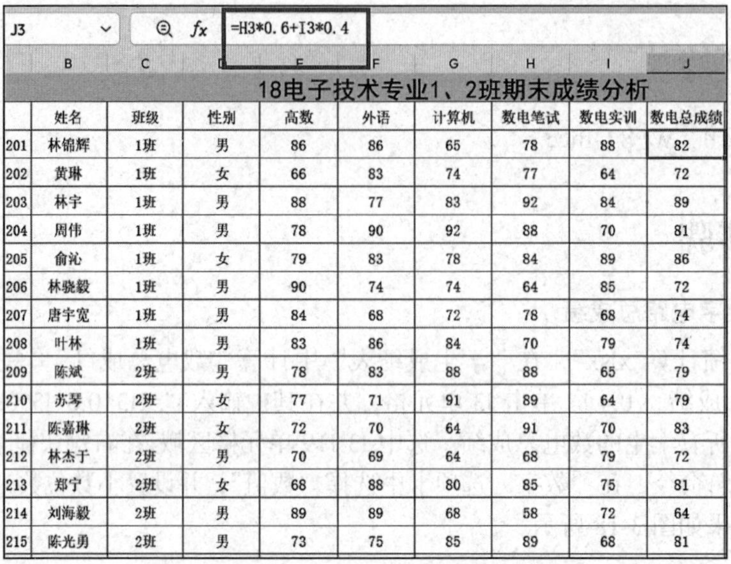

	姓名	班级	性别	高数	外语	计算机	数电笔试	数电实训	数电总成绩
201	林锦辉	1班	男	86	86	65	78	88	82
202	黄琳	1班	女	66	83	74	77	64	72
203	林宇	1班	男	88	77	83	92	84	89
204	周伟	1班	男	78	90	92	88	70	81
205	俞沁	1班	女	79	83	78	84	89	86
206	林骁毅	1班	男	90	74	74	64	85	72
207	唐宇宽	1班	男	84	68	72	78	68	74
208	叶林	1班	男	83	86	84	70	79	74
209	陈斌	2班	男	78	83	88	88	65	79
210	苏琴	2班	女	77	71	91	89	64	79
211	陈嘉琳	2班	女	72	70	64	91	70	83
212	林杰于	2班	男	70	69	64	68	79	72
213	郑宁	2班	女	68	88	80	85	75	81
214	刘海毅	2班	男	89	89	68	58	72	64
215	陈光勇	2班	男	73	75	85	89	68	81

图 3-18　计算“数电总成绩”

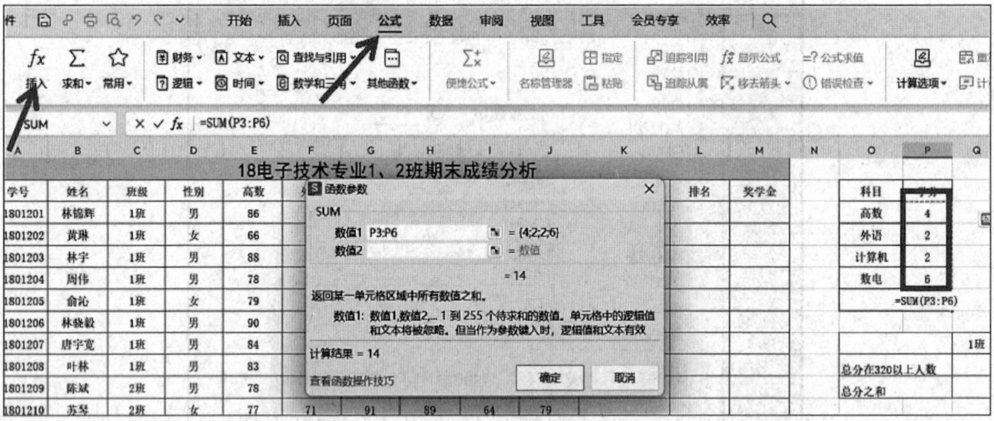

图 3-19　插入 SUM 函数

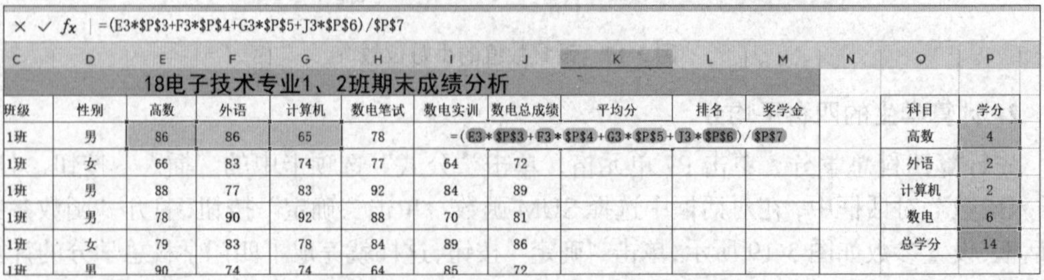

图 3-20　设置“平均分”公式参数

3. 计算各门成绩的最高分、最低分、平均分

使用相同的方法，在 E20 单元格中插入 AVERAGE 函数，计算“高数”的平均成绩。设置函数参数如图 3-21 所示。然后使用自动填充功能，在 F20:J20 单元格区域得到其余各

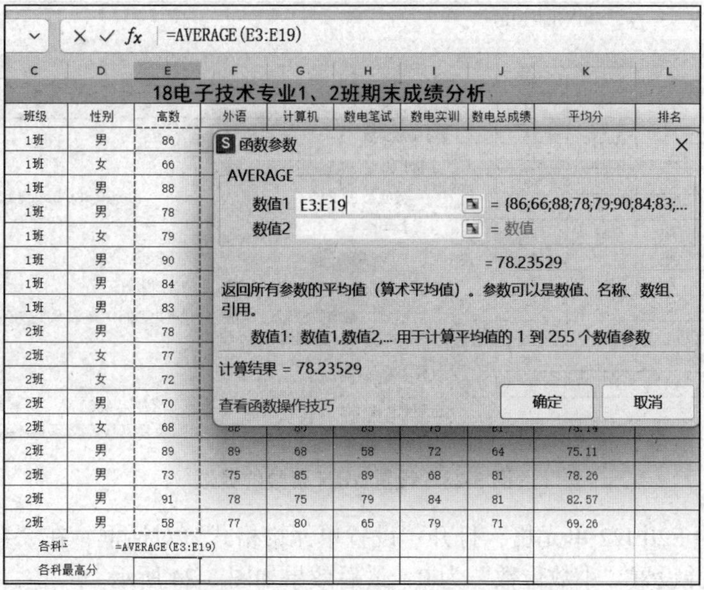

图 3-21　设置 AVERAGE 函数的参数

门考试的平均成绩。

在 E21 单元格中插入 MAX 函数，计算高数考试成绩的最高分。MAX 函数参数设置如图 3-22 所示。注意参数是 E3:E19，而不是默认的 E3:E20，单击"确定"按钮，完成对高数考试成绩最高分的计算。再使用自动填充功能，在 F21:J21 单元格区域得到其余各门考试成绩的最高分。

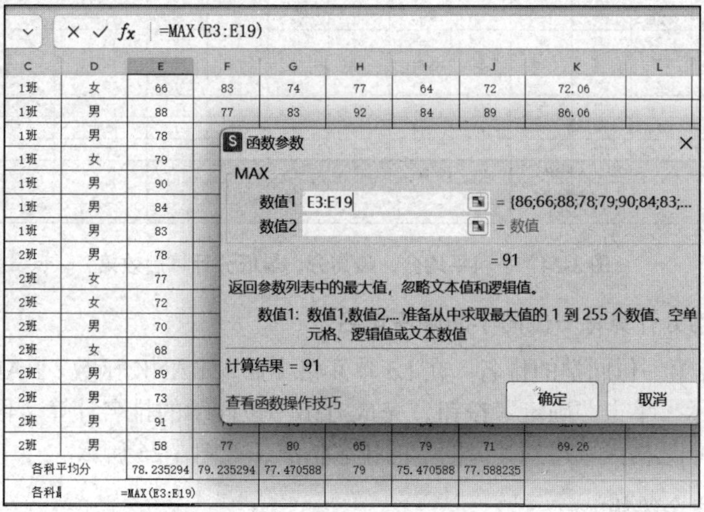

图 3-22　设置 MAX 函数的参数

在 E22 单元格中插入 MIN 函数，计算高数考试成绩的最低分。MIN 函数参数设置如图 3-23 所示，单击"确定"按钮，完成对高数考试成绩最低分的计算。再使用自动填充功能，在 F22:J22 单元格区域得到其余各门考试的最低分。

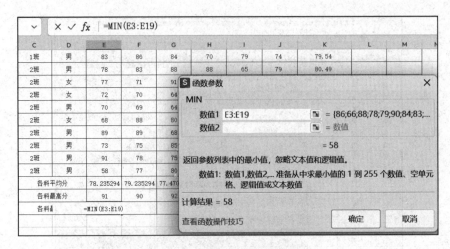

图 3-23　设置 MIN 函数的参数

最后，选中 E20:J22 单元格，打开"设置单元格格式"对话框，在"数字"选项卡中选择"数值"，并设置"小数位数"为 0，最后效果如图 3-24 所示。

学号	姓名	班级	性别	高数	外语	计算机	数电笔试	数电实训	数电总成绩	平均分	排名	奖学金
							18电子技术专业1、2班期末成绩分析					
201801201	林锦辉	1班	男	86	86	65	78	88	82	81.29		
201801202	黄琳	1班	女	66	83	74	77	64	72	72.06		
201801203	林宇	1班	男	88	77	83	92	84	89	86.06		
201801204	周伟	1班	男	78	90	92	88	70	81	82.91		
201801205	俞沁	1班	女	79	83	78	84	89	86	82.43		
201801206	林骏毅	1班	男	90	74	74	67	85	72	77.89		
201801207	唐宇宽	1班	男	84	68	72	78	68	74	75.71		
201801208	叶林	1班	男	83	86	84	70	79	74	79.54		
201801209	陈斌	2班	男	78	83	88	88	65	79	80.49		
201801210	苏琴	2班	女	77	71	91	89	64	79	79.00		
201801211	陈嘉琳	2班	女	72	70	64	91	70	83	75.11		
201801212	林杰于	2班	男	70	69	64	68	79	72	70.03		
201801213	郑宁	2班	男		88	80	85	75	81	78.14		
201801214	刘海毅	2班	男	89	89	68	58	72	64	75.11		
201801215	陈光勇	2班	男	73	75	85	89	68	81	78.26		
201801216	李建刚	2班	男	91	78	75	79	84	81	82.57		
201801217	杨玉昆	2班	男	58	77	80	65	79	71	69.26		
			各科平均分	78	79	77	79	75	78			
			各科最高分	91	90	92	92	89	89			
			各科最低分	58	68	64	65	64	64			

图 3-24　各科平均分、最高分、最低分计算后效果

4. 依据平均分计算每一位同学的降序排名

首先，计算第一位同学的排名。在 L3 单元格中插入 RANK 函数。RANK 函数参数设置如图 3-25 所示，单击"确定"按钮，完成对第一位同学的排名计算。再使用自动填充功能在 L3:L19 单元格区域得到其余同学的排名情况，如图 3-26 所示。

5. 标注奖学金等级

在"奖学金"列，标注奖学金等级，按照排名高低设置国家级奖学金两名，校级奖学金三名。先为第一位学生判断奖学金等级。选中 M3 单元格，插入 IF 函数，并对 IF 函数参数进行设置，如图 3-27 所示，单击"确定"按钮，完成对第一位同学的奖学金判断。再使用自动填充功能，在 M4:M19 单元格区域得到其余同学获得奖学金的情况，如图 3-28 所示。

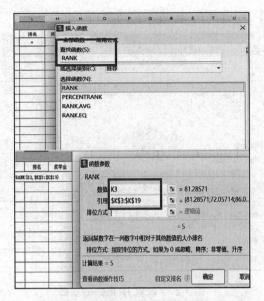

图 3-25　设置 RANK 函数的参数

	A	B	C	D	E	F	G	H	I	J	K	L	M
	\multicolumn{13}{c	}{18电子技术专业1、2班期末成绩分析}
	学号	姓名	班级	性别	高数	外语	计算机	数电笔试	数电实训	数电总成绩	平均分	排名	奖学金
	201801201	林锦辉	1班	男	86	86	65	78	88	82	81.29	5	
	201801202	黄桦	1班	女	66	83	74	77	64	72	72.06	15	
	201801203	林宇	1班	男	88	77	83	92	84	89	86.06	1	
	201801204	周伟	1班	男	78	90	92	88	70	81	82.91	2	
	201801205	俞心	1班	女	79	83	78	84	89	86	82.43	4	
	201801206	林骏毅	1班	男	90	74	74	64	85	72	77.89	11	
	201801207	唐宇宽	1班	男	84	68	72	78	68	74	75.71	12	
	201801208	叶林	1班	男	83	86	84	70	79	74	79.54	7	
	201801209	陈斌	2班	男	78	83	88	88	65	79	80.49	6	
	201801210	苏琴	2班	女	77	71	91	89	64	79	79.00	8	
	201801211	陈嘉琳	2班	女	62	81	64	91	70	83	75.11	13	
	201801212	林杰于	2班	男	70	69	64	68	79	72	70.03	16	
	201801213	郑宁	2班	女	68	88	80	85	75	81	78.14	10	
	201801214	刘海毅	2班	男	89	70	68	58	72	64	75.11	13	
	201801215	陈光勇	2班	男	73	75	85	89	68	81	78.26	9	
	201801216	李建刚	2班	男	91	78	75	79	84	81	82.57	3	
	201801217	杨玉昆	2班	男	58	77	80	65	79	71	69.26	17	
			各科平均分		78	79	77	79	75	78			
			各科最高分		91	90	92	92	89	89			
			各科最低分		58	68	64	58	64	64			

图 3-26　学生"排名"计算效果图

6. 分别计算 1 班与 2 班平均分在 80 分以上的人数

首先，在 Q10 单元格中插入 COUNTIFS 函数，计算 1 班同学平均分（K3:K10）超过 80 分的学生个数，COUNTIFS 函数参数的设置如图 3-29 所示，单击"确定"按钮完成计算。再使用填充柄，填充 R10 单元格中 2 班同学的平均分（K11:K19），计算超过 80 分的学生人数。

7. 分别计算 1 班与 2 班平均分

首先，在 Q11 单元格中插入 AVERAGEIF 函数，计算 1 班同学总分之和，对 AVERAGEIF 函数参数的设置如图 3-30 所示，单击"确定"按钮完成计算。再使用填充柄填充 R11 单元格中 2 班同学的平均分。

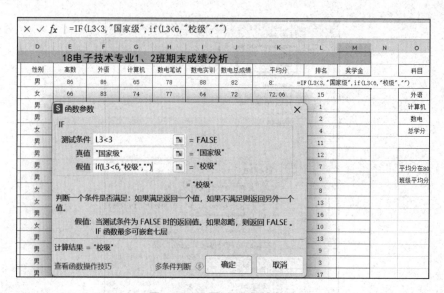

图 3-27　设置 IF 函数的参数

图 3-28　每位学生获奖学金情况

图 3-29　计算 1 班高分人数

图 3-30　计算 1 班学生平均分

五、训练结果

到此，完成了对 18 电子专业期末成绩的相关计算，保存工作簿，最终效果如图 3-31 所示。

学号	姓名	班级	性别	高数	外语	计算机	数电笔试	数电实训	数电总成绩	平均分	排名	奖学金		科目	学分			
201801201	林锦辉	1班	男	86	86	65	78	88	82	81.29	5	校级		高数	4			
201801202	黄琳	1班	女	65	83	74	77	64	72	72.06	15			外语	2			
201801203	林宇	1班	男	88	77	83	92	84	89	86.06	1	国家级		计算机	2			
201801204	周伟	1班	男	78	90	92	88	70	81	82.91	2	国家级		数电	6			
201801205	俞心	1班	女	79	83	78	84	89	86	82.43	4	校级		总学分	14			
201801206	林骁毅	1班	男	90	74	74	64	85	72	77.89	11							
201801207	唐宇宽	1班	男	84	68	72	78	68	74	75.71	12						1班	2班
201801208	叶林	1班	男	83	86	84	70	79	74	79.54	7			平均分在80及以上人数			4	2
201801209	陈斌	1班	男	78	83	88	88	65	79	80.49	6			班级平均分			80	76
201801210	苏琴	2班	女	77	71	91	89	64	79	79.00	8							
201801211	陈嘉琳	2班	女	72	70	64	91	70	83	75.11	13							
201801212	林杰宇	2班	男	70	69	64	68	79	72	70.03	16							
201801213	郑宁	2班	女	89	88	80	85	75	81	78.14	10							
201801214	刘海毅	2班	男	89	89	68	58	72	64	75.11	13							
201801215	陈光勇	2班	男	73	75	85	89	68	81	78.26	9							
201801216	李建刚	2班	男	91	78	75	79	64	81	82.57	3	校级						
201801217	杨玉昆	2班	男	58	77	80	65	79	71	69.26	17							
		各科平均分		78	79	77	79	75	78									
		各科最高分		91	90	92	92	89	89									
		各科最低分		58	68	64												

图 3-31　学生成绩计算的最终效果

训练 3.3　分析与统计学生成绩

一、训练目的

通过训练，学会使用 WPS 表格的图表功能，掌握常见图表的创建、编辑和修改方法，能够运用图表直观地展示数据和分析结果；掌握 WPS 表格的数据透视表功能，能够运用数据透视表进行数据的分析和挖掘，提高数据处理和分析的效率。

二、训练内容

辅导员的下一个任务是对两个班学生成绩进行分析、统计，以进一步了解该专业男女生及两个班的学习情况。具体要求如下：
（1）绘制学生平均分簇状柱形图，用图表样式 4。
（2）按照班级升序、成绩降序的规则将成绩表重新排序。
（3）使用筛选功能筛选出平均分介于 75~80 分数段的男生记录。
（4）利用"分类汇总"功能，统计各班平均分的平均值。
（5）使用"数据透视表"，显示各班男女生各门成绩的平均值。

三、训练环境

Windows 10、WPS Office

训练 3.3

四、训练步骤

1. 插入图表

为了方便查看，先将表 Sheet1 改名为"原始数据"。再创建副本，将"原始数据（2）"重命名为"图表"。

选择 B2:B19 数据，然后按住 Ctrl 键不放，再选择 K2:K19 数据。放开 Ctrl 键，选择"插入"→"全部图表"→"柱形图"→"簇状柱形图"，如图 3-32 所示。将产生的图表调整大小放置在 M2:U19 区域内，设置图表样式为"样式 4"，更换图表标题为"18 电子技术专业 1、2 班学生期末成绩图"，效果如图 3-33 所示。

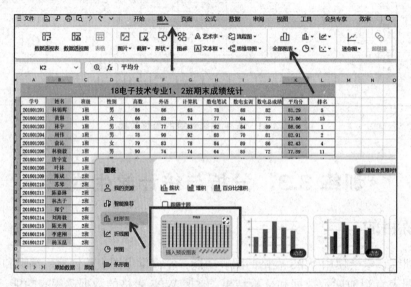

图 3-32　插入"图表"

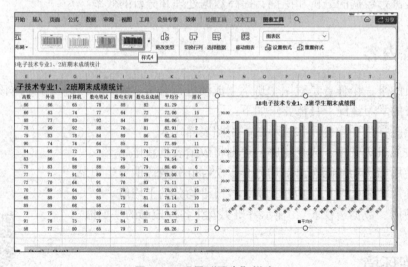

图 3-33　设置"图表"样式

2. 数据排序

再创建"原始数据"表的副本并命名为"排序"。通过设置多个关键字的排序方式，分别将1、2班学生按照总分的高低重新排序。

首先，全选数据表格（A3:L19），单击"开始"选项卡中的"排序和筛选"下拉按钮，选择"自定义排序"功能，如图3-34所示。在弹出的"排序"对话框中设置主要关键字为"班级""数值""升序"；再单击上方的"添加条件"按钮，接着设置"次要关键字"为"平均分""数值""降序"，如图3-35所示。

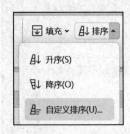 

图3-34 "自定义排序"功能　　　　　　　　图3-35 设置多关键字的排序

单击"确定"按钮，完成排序，效果如图3-36所示。通过设置主、次关键字，就可以保证在班级顺序不变的情况下，实现平均分的降序排序。

学号	姓名	班级	性别	高数	外语	计算机	数电笔试	数电实训	数电总成绩	平均分	排名
				18电子技术专业1、2班期末成绩统计							
201801203	林宇	1班	男	88	77	83	92	84	89	86.06	1
201801204	周伟	1班	男	78	90	92	88	70	81	82.91	2
201801205	俞沁	1班	女	79	83	78	84	89	86	82.43	4
201801201	林锦辉	1班	男	86	86	65	78	88	82	81.29	5
201801208	叶林	1班	男	83	86	84	70	79	74	79.54	7
201801206	林骏毅	1班	男	90	74	74	64	85	72	77.89	11
201801207	唐宇宽	1班	男	84	68	72	78	68	74	75.71	12
201801202	黄琳	1班	女	66	83	74	77	64	72	72.06	15
201801216	李建刚	2班	男	91	79	75	79	84	81	82.57	3
201801209	陈斌	2班	男	78	83	88	88	65	79	80.49	6
201801210	苏琴	2班	女	77	71	91	89	64	79	79.00	8
201801215	陈光勇	2班	男	73	75	85	89	68	81	78.26	9
201801213	郑宁	2班	女	68	88	80	85	75	81	78.14	10
201801211	陈嘉琳	2班	女	72	70	64	91	70	83	75.11	13
201801214	刘海毅	2班	男	89	89	68	58	72	64	75.11	14
201801212	林杰于	2班	男	70	69	64	68	79	72	70.03	16
201801217	杨玉昱	2班	男	58	77	80	56	79	71	69.26	17

图3-36 排序后效果

3. 筛选出符合条件的记录

将"排序"表格中的A2:G19、J2:K19单元格区域复制到Sheet2中去，将Sheet2改名为"筛选"，适当调整表格列宽。

在"筛选"表中全选数据（A1:I18），单击"开始"选项卡中的"筛选"按钮，如图3-37所示。此时，表格第一行（列标题）中都显示出一个下拉按钮，使用这些按钮可以为每个数据列添加"筛选"条件。

先单击"性别"下拉按钮，筛选出"男"的记录，如图3-38所示。

图3-37 "筛选"选项

图3-38 筛选男生的记录

单击"平均分"下拉按钮，选择"数字筛选"下的"介于"，如图3-39所示，在弹出的"自定义自动筛选方式"对话框中设置选项如图3-40所示。

图3-39 "数字筛选"条件

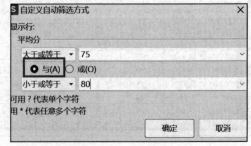

图3-40 筛选总分介于300~320分数段的记录

单击"确定"按钮，完成数据筛选工作，筛选结果如图3-41所示。

4. 分类汇总

将"排序"表格中的A2:G19、J2:K19单元格区域复制到Sheet3中去，将Sheet3改名为"分类汇总"。

	A	B	C	D	E	F	G	H	I
1	学号 ▼	姓名 ▼	班级 ▼	性别 ▼	高数 ▼	外语 ▼	计算机 ▼	数电总成 ▼	平均分 ▼
6	201801208	叶林	1班	男	83	86	84	74	79.54
7	201801206	林骁毅	1班	男	90	74	74	72	77.89
8	201801207	唐宇宽	1班	男	84	68	72	74	75.71
13	201801215	陈光勇	2班	男	73	75	85	81	78.26
16	201801214	刘海毅	2班	男	89	89	68	64	75.11
19									

图 3-41　筛选后的数据记录

在"分类汇总"表中全选数据（A1:I18）。单击"数据"选项卡下的"分类汇总"按钮，在弹出的"分类汇总"对话框中设置分类字段为"班级"，汇总方式为"平均值"，并勾选"平均分"为汇总项，如图 3-42 所示。

单击"确定"按钮后，各班总分的平均值汇总结果出现在数据下方，如图 3-43 所示。

5. 使用数据透视表

新建工作表，将其重新命名为"数据透视表"，并将"排序"表格中的 A2:G19、J2:K19 单元格区域复制到"数据透视表"中去。

在"数据透视表"表中单击"插入"选项卡中的"数据透视表"按钮，在弹出的"创建数据透视表"对话框中用鼠标框选"数据透视表 !\$A\$1:\$I\$18"区域，并选择"现有工作表"位置为"数据透视表 !\$A\$22"，如图 3-44 所示。

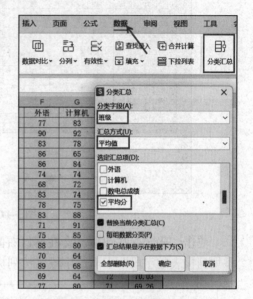

图 3-42　设置"分类汇总"参数

1 2 3		A	B	C	D	E	F	G	H	I
	1	学号	姓名	班级	性别	高数	外语	计算机	数电总成绩	平均分
	2	201801203	林宇	1班	男	88	77	83	89	86.06
	3	201801204	周伟	1班	男	78	90	92	81	82.91
	4	201801205	俞沁	1班	女	79	83	78	86	82.43
	5	201801201	林锦辉	1班	男	86	86	65	82	81.29
	6	201801208	叶林	1班	男	83	86	84	74	79.54
	7	201801206	林骁毅	1班	男	90	74	74	72	77.89
	8	201801207	唐宇宽	1班	男	84	68	72	74	75.71
	9	201801202	黄琳	1班	女	66	83	74	72	72.06
	10			1班 平均值						79.74
	11	201801216	李建刚	2班	男	91	78	75	81	82.57
	12	201801209	陈斌	2班	男	78	83	88	79	80.49
	13	201801210	苏琴	2班	女	77	71	91	79	79.00
	14	201801215	陈光勇	2班	男	73	75	85	81	78.26
	15	201801213	郑宁	2班	女	68	88	80	81	78.14
	16	201801211	陈嘉琳	2班	女	72	70	64	83	75.11
	17	201801214	刘海毅	2班	男	89	89	68	64	75.11
	18	201801212	林杰于	2班	男	70	69	64	72	70.03
	19	201801217	杨玉昆	2班	男	58	77	80	71	69.26
	20			2班 平均值						76.44
	21			总平均值						77.99
	22									

原始数据　排序　图表　筛选　**分类汇总**　+

图 3-43　分类汇总效果图

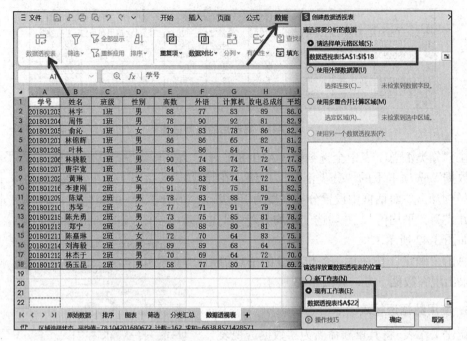

图 3-44　创建数据透视表

单击"确定"按钮后，会在窗口右侧出现数据透视表的布局选项，用鼠标将"选择要添加到报表的字段"下面的字段名（列标题）拖曳到相应的布局位置，如图 3-45 所示。

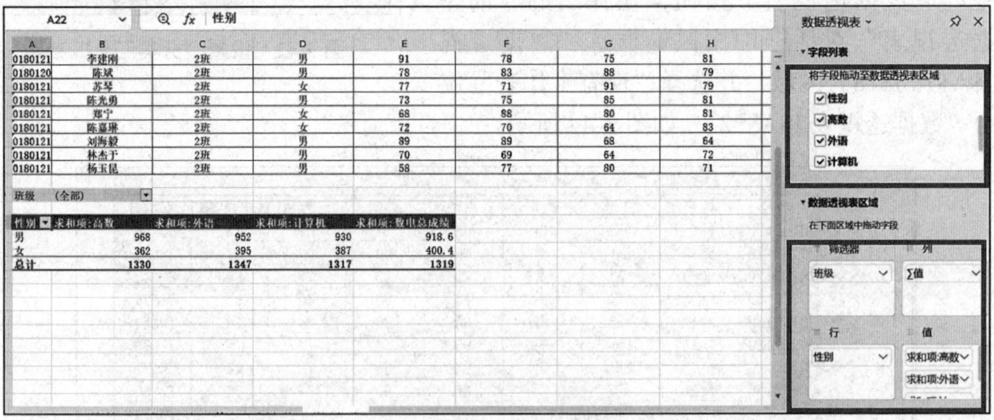

图 3-45　布局数据透视表

拖曳下来的"数值"的默认统计方式是"求和"，再将它们的汇总方式改为"平均值"。单击"求和项：高数"，在弹出的菜单中选择"值字段设置"命令，如图 3-46 所示。

在弹出的"值字段设置"对话框中，将"选择用于汇总所选字段数据的计算类型"设为"平均值"，再单击下方的"数字格式"按钮，将数字格式的"分类"设置为"数值"，"小数位数"设为 2，如图 3-47 所示。随后，将其他科目的计算类型也改为"平均值"，最终效果如图 3-48 所示。

图 3-46　"求和项：高数"
下拉菜单

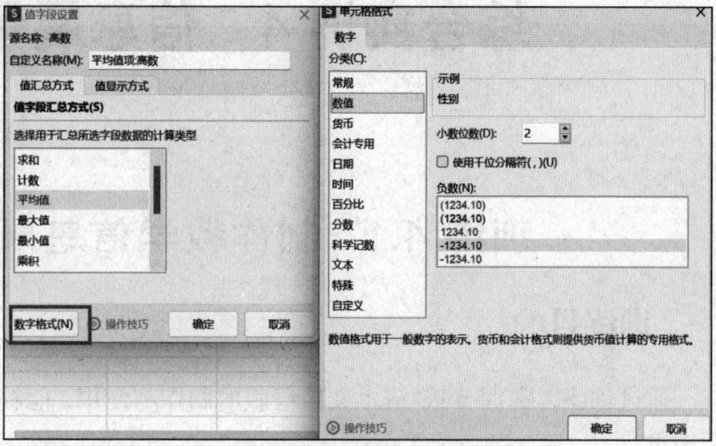

图 3-47　值字段参数设置

图 3-48　数据透视表最终效果

保存工作簿，完成对成绩表的数据分析与统计。

五、训练结果

训练结果如图 3-33、图 3-36、图 3-41、图 3-43 和图 3-48 所示。

综合实训 4　信息展示技术

训练 4.1　制作教学信息展示模板

一、训练目的

通过训练，掌握 WPS 演示文稿母版的制作与使用；能够进行图形及动作按钮的插入与编辑。

二、训练内容

根据课件内容，使用幻灯片母版设计课件幻灯片版式，制作课件模板文档。

三、训练环境

Windows 10、WPS Office

训练 4.1

四、训练步骤

1. 新建演示文档

双击桌面上的 WPS Office 图标，打开 WPS Office 程序。选择"文件"→"新建"→"演示"→"空白演示文稿"命令，新建空白演示文稿。

2. 在幻灯片母版视图中编辑"标题幻灯片版式"

根据教学课件内容，设计标题幻灯片版式，设计效果如图 4-1 所示。

（1）单击"视图"→"幻灯片母版"按钮，打开幻灯片母版视图，如图 4-2 所示。

（2）在幻灯片母版视图的左栏中选择"标题幻灯片版式"，如图 4-3 所示。

（3）绘制菱形。在"插入"选项卡中依次单击"形状"→"基本形状"→"菱形"按钮，如图 4-4 所示，在按住 Shift 键的同时，绘制出一个菱形，置于画面左侧位置。

选中菱形，设置其轮廓为"无边框颜色"；填充颜色为"钢蓝，着色 1，深色 25%"；并将"效果"→"倒影"设置为"紧密倒影，4pt 偏移量"，如图 4-5 所示。效果参见图 4-1。

图 4-1　"标题幻灯片版式"设计效果

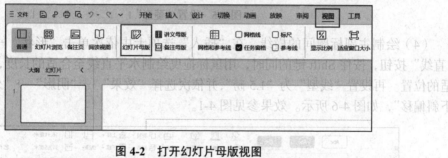

图 4-2　打开幻灯片母版视图

图 4-3　选择标题幻灯片版式

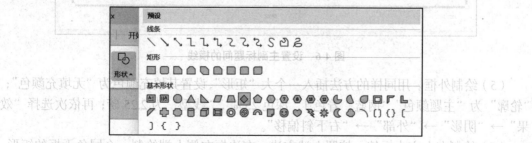

图 4-4　单击"菱形"按钮

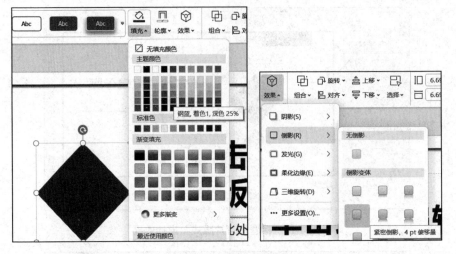

图4-5 设置"菱形"

（4）绘制主副标题间的横线。在"插入"选项卡中依次单击"形状"→"线条"→"直线"按钮，按住 Shift 键的同时，用鼠标拖曳绘制水平直线至合适的长度，并移动到合适的位置。再设置"线型"为"1.5磅"，并依次选择"效果"→"阴影"→"外部"→"右下斜偏移"，如图4-6所示。效果参见图4-1。

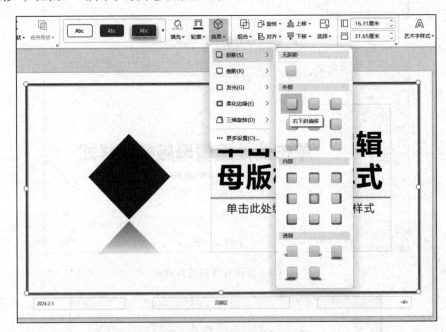

图4-6 设置主副标题间的横线

（5）绘制外框。用同样的方法插入一个大"矩形"，设置其填充颜色为"无填充颜色"；"轮廓"为"主题颜色""钢蓝，着色1，深色25%"，"线型"为2.25磅；再依次选择"效果"→"阴影"→"外部"→"右下斜偏移"。

（6）绘制左上方小标签。按照上述方法，在边框左侧上端绘制一个同色无框的矩形，效果参见图 4-1。

（7）设置文字占位符。首先，可以将原有的"母版标题样式"和"母版副标题样式"占位符移动到适当的位置，将"母版标题样式"字体设置为"黑体""加粗"，字体大小为 44 号，字体颜色同其他形状的颜色；将"母版副标题样式"字体设置为"黑体"，大小为 16 号，效果如图 4-7 所示。

（8）增加文字占位符。因为标题幻灯片除了主副标题之外，还有其他文字内容，因此需要为标题模板添加文字占位符。在"幻灯片母版"选项卡中单击"插入占位符"→"文本"按钮，如图 4-8 所示。分别在左上方标签处和标题文本上方添加一行文字占位符（可将多余的文字级别删除），完成后效果参见图 4-1。

图 4-7　设置文字占位符

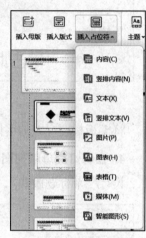

图 4-8　插入占位符

3. 在幻灯片母版视图中编辑"标题和内容版式"

设计"标题和内容版式"，效果如图 4-9 所示。

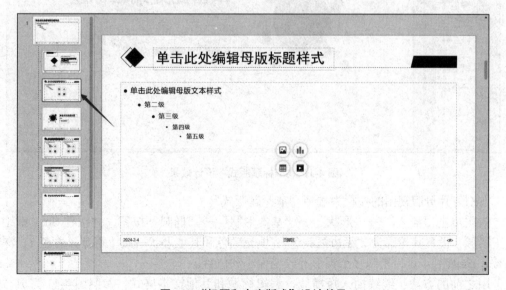

图 4-9　"标题和内容版式"设计效果

在幻灯片母版视图的左栏中选择"标题和内容版式"。

插入、绘制合适大小的"菱形"，放置在标题文字左侧。设置其轮廓为"无边框颜色"，填充颜色和标题幻灯片的菱形一致（钢蓝，着色1，深色25%）。复制这个菱形，向左侧移动一些，设置轮廓颜色为"钢蓝，着色1，深色25%"，填充为"无填充颜色"。

用同样的方法绘制水平虚线及右侧的梯形。在绘制梯形的时候，可先单击"插入"→"形状"→"基本形状"→"梯形"按钮，绘制出等腰梯形后，再依次单击"绘图工具"→"编辑形状"→"编辑顶点"按钮，改变梯形形状为直角梯形，如图4-10所示。

图 4-10　编辑图形顶点

将模板标题样式的字体设置为"黑体""36磅"，字体颜色同其他形状的颜色。

4. 在幻灯片母版视图中编辑"节标题版式"

设计"节标题版式"，效果如图4-11所示。

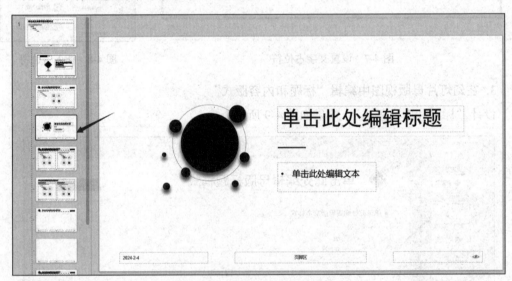

图 4-11　"节标题版式"设计效果

在幻灯片母版视图的左栏中选择"节标题版式"。

依次单击"插入"→"形状"→"基本形状"→"椭圆"按钮，并按住Shift键绘制出正圆形，设置其轮廓为"无边框颜色"；填充颜色和其他形状一致（钢蓝，着色1，深色25%）。参照图4-11，复制多个圆形并改变大小和位置。

用之前的方法，继续插入短横线，编辑标题和其他文本格式，参照图4-11完成"节标题版式"的制作。

5. 在幻灯片母版视图中编辑其他版式

设计"两栏内容版式""比较版式"等版式的效果，如图 4-12~ 图 4-16 所示。

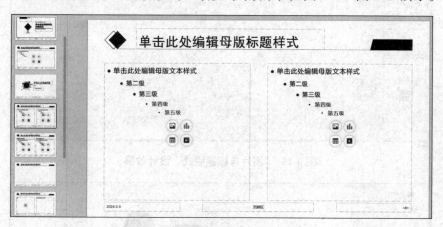

图 4-12　"两栏内容版式"设计效果

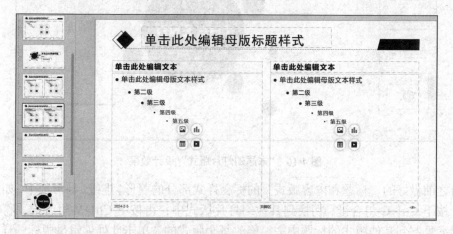

图 4-13　"比较版式"设计效果

图 4-14　"仅标题版式"设计效果

图 4-15 "图片与标题版式"设计效果

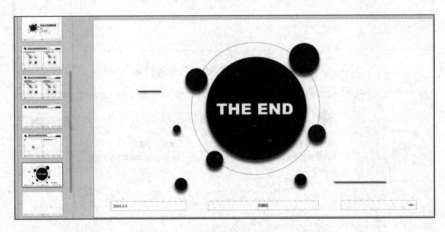

图 4-16 "末尾幻灯片版式"设计效果

将之前做好的"标题和内容版式"的标题样式部分的菱形、虚线、梯形选中，如图 4-17 所示，按下 Ctrl+C 组合键；切换到其他幻灯片版式中，再按下 Ctrl+V 组合键，将做好的标题图案复制到其他版式的标题中去。修改每个版式的"单击此处编辑母版标题样式"的样式，调整到合适的大小，文字与图案同色，即可完成对其他版式的设计制作。

图 4-17 全选标题部分

用同样的方法，先将"节标题版式"的图形整体选中，复制到"末尾幻灯片版式"中，适当放大，并在左上角和右下角绘制两条同色的水平短线。最后，设置标题占位符的颜色为白色，文字大小适当，完成"末尾幻灯片版式"的制作。

6. 保存幻灯片模板

选择"文件"→"另存为"命令，将文档名称改为"课件模板"，文档类型为"Microsoft PowerPoint 模板文件（.potx）"，保存至桌面，如图 4-18 所示。

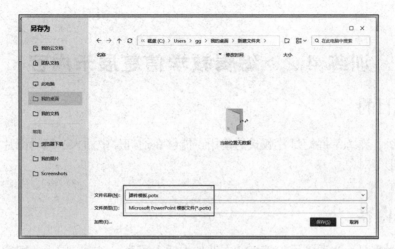

图 4-18　保存演示模板

五、训练结果

制作教学信息展示模板的完成效果如图 4-19 所示。

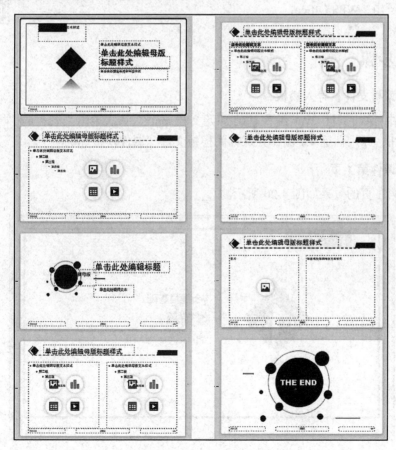

图 4-19　训练 4.1 完成结果

训练 4.2 编辑教学信息展示内容

一、训练目的

通过训练，熟练掌握幻灯片版式的使用，能够在幻灯片中插入、编辑图片、文字、视频、智能图形等对象。

二、训练内容

根据教学需要，为课件导入模板，在课件中插入图片、视频、图表、智能图形、链接等内容，使教学信息更加丰富。

三、训练环境

Windows 10、WPS Office

训练 4.2

四、训练步骤

1. 打开素材文件，导入模板

打开课件"原始素材 -Web 编程基础 原始文档 .pptx"，依次单击"设计"→"母版"→"导入模板"按钮，导入训练 4.1 制作并保存的模板文件"课件模板 .potx"。

2. 编辑课件第 1 页

幻灯片第 1 页的效果如图 4-20 所示。

图 4-20 第 1 页幻灯片效果图

（1）修改第 1 页幻灯片版式为"标题幻灯片"。在"幻灯片"浏览窗格中选中第 1 张幻灯片，单击"开始"→"版式"→"母版版式"→"标题幻灯片"选项，如图 4-21 所示。

图 4-21　修改第 1 页幻灯片版式为"标题幻灯片"

（2）编辑文本。参考图 4-20，移动、修改原幻灯片中的文本，并改变文本的颜色、字体大小、位置。

（3）添加文本框。单击"插入"选项卡→"文本框"→"正文"，如图 4-22 所示，在菱形中心绘制一个文本框，输入数字 1，修改字体大小 110 号，并设置文字为"白色"、Arial 字体及"加粗"。完成效果如图 4-20 所示。

图 4-22　添加文本框

3. 编辑课件第 2 页

（1）修改第 2 页幻灯片版式为"标题和内容"。方法同前。

（2）编辑第 2 页幻灯片的标题。修改标题"学习内容"的字体大小为 36 号，颜色为"钢蓝，着色 1，深色 25%"，字体要"加粗"，如图 4-23 所示。

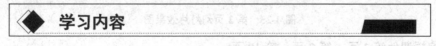

图 4-23　第 2 页幻灯片的标题效果

（3）使用"智能图形"展示原有文字信息。选中文字信息，依次单击"开始"→"转智能图形"→"并列"→"3 项"→"免费资源"，选择智能图形模板，如图 4-24 所示。此处的选择仅供参考，可自行选择合适的图形模板。适当调整文字的大小、间距，添加项目符号，完成后效果如图 4-25 所示。

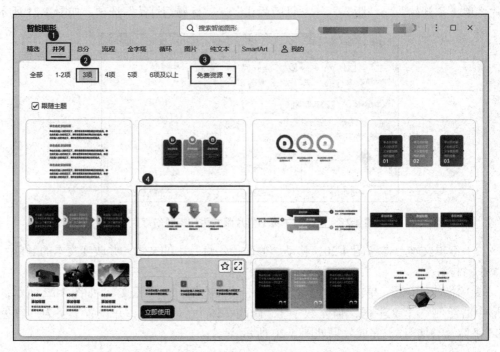

图 4-24　选择合适的智能图形

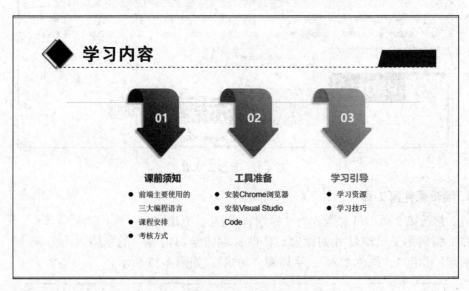

图 4-25　第 2 页幻灯片效果图

4. 编辑课件第 3 页、第 7 页、第 10 页

（1）修改第 3 页幻灯片版式为"节标题"。方法同前。

（2）调整文本。参考图 4-26，调整文本的字体大小、行距、位置。第 7 页幻灯片和第
10 页幻灯片操作同前，效果如图 4-27 和图 4-28 所示。

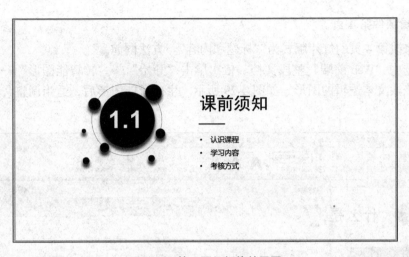

图 4-26　第 3 页幻灯片效果图

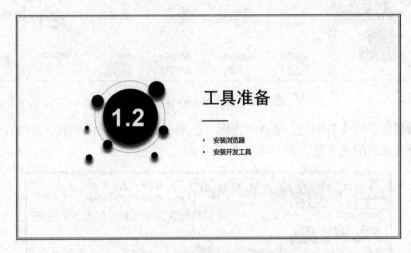

图 4-27　第 7 页幻灯片效果图

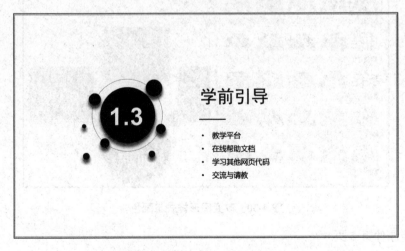

图 4-28　第 10 页幻灯片效果图

5. 编辑课件第 4 页

（1）修改第 4 页幻灯片版式为"标题和内容"。方法同前。

（2）选中"Web 前端"整段文档。依次单击"开始"→"转智能图形"→SmartArt，选择符合该段文本逻辑的图形，如图 4-29 所示。生成智能图形后，适当调整文本的位置、大小。

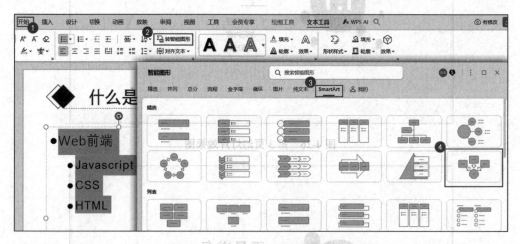

图 4-29　插入 SmartArt 图形

（3）调整图形样式与配色。选择"图形"选项卡，选择合适的样式，单击"更改颜色"按钮，选择喜欢的配色方案，如图 4-30 所示。

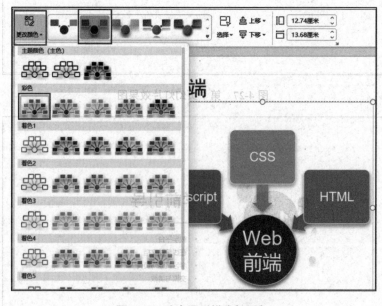

图 4-30　改变图形样式与配色

6. 编辑课件第 5 页

（1）修改第 5 页幻灯片版式为"比较"，方法同前。

（2）插入图片。分别在左右两侧的内容框中单击"插入图片"按钮，选择并插入素材图片 css.jpg 和 html.jpg。

（3）调整文本 CSS 和 HTML 文字的大小，居中对齐。选中两个文本框，单击"绘图工具"选项卡，选择"渐变填充—无线条"样式，完成后效果如 4-31 和图 4-32 所示。

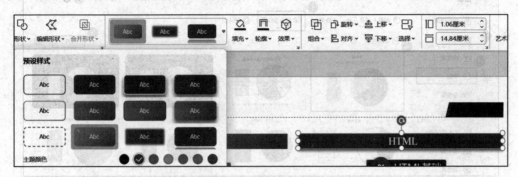

图 4-31　改变文本框样式

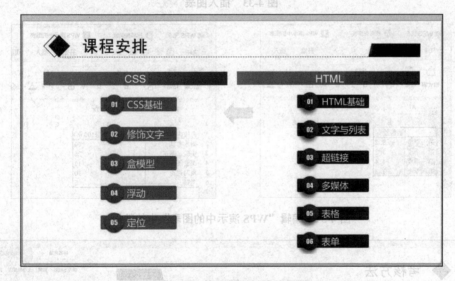

图 4-32　第 5 页幻灯片效果图

7. 编辑课件第 6 页

（1）修改第 6 页幻灯片版式为"标题和内容"，方法同前。

（2）插入图表。依次单击"插入"→"图表"→"饼图"→"复合条饼图"，选择合适的图表，如图 4-33 所示。

（3）编辑图表数据。单击"图表工具"→"编辑数据"，打开"WPS 演示中的图表"文档，将其中的示例数据修改成第 6 页课件中表格里的数据，并用鼠标拖曳绘图区域边线至覆盖所有数据，如图 4-34 所示。

（4）设置图表。在"图表工具"选项卡中设置图表为"无"图表标题，"顶部"显示图例，"数据标签"显示"类别名称""百分比"，标签位置为"数据标签内"。适当调整标签文字和图例文字的大小，效果如图 4-35 所示。

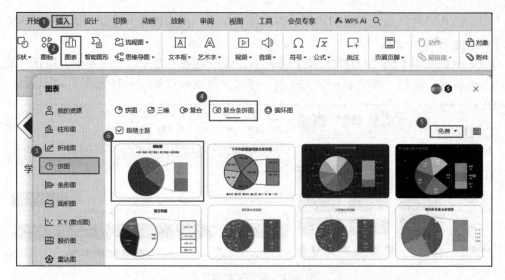

图 4-33　插入图表

图 4-34　编辑"WPS 演示中的图表"中的数据

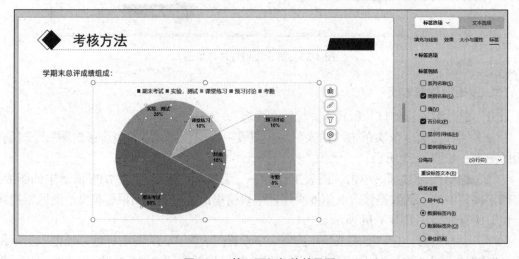

图 4-35　第 6 页幻灯片效果图

8. 编辑课件第 8 页

（1）修改第 8 页幻灯片版式为"两栏内容"，方法同前。

（2）插入图片。在左右两栏内容中插入三张相关图片 Chrome.jpg、Edge.jpg、Visual Studio Code.jpg。适当调整文本和图片的大小、位置，效果如图 4-36 所示。

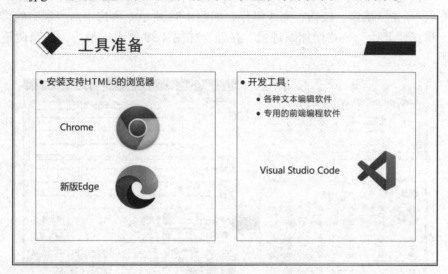

图 4-36　第 8 页幻灯片效果图

9. 编辑课件第 9 页

（1）修改第 9 页幻灯片版式为"标题和内容"，方法同前。

（2）插入视频。单击内容框内的"插入视频"按钮，插入"Visual Studio Code 安装操作 .mp4"，适当调整视频窗口的位置和大小。选中视频窗口，单击"视频工具"选项卡，勾选"全屏播放"选项，如图 4-37 所示。

图 4-37　第 9 页幻灯片效果图

10. 编辑课件第 11 页

（1）修改第 11 页幻灯片版式为"标题和内容"，方法同前。

（2）为文字加入项目符号。首先，选中内容框内的所有文字，单击"开始"→"项目符号"→"其他项目符号..."按钮，选择菱形项目符号，修改符号颜色为"钢蓝，着色 1，深色 25%"，单击"确定"按钮，完成操作，如图 4-38 所示。再选中内容框中的第 4 段和第 5 段，单击"开始"→"增加缩进量"按钮，如图 4-39 所示。最后，适当调整文本的段落间距。

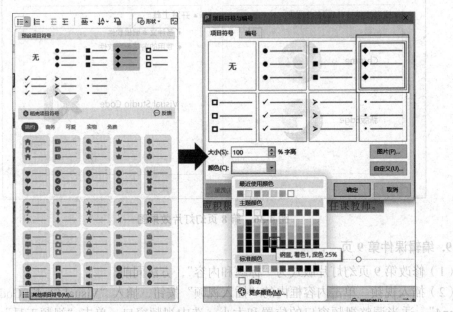

图 4-38　插入项目符号

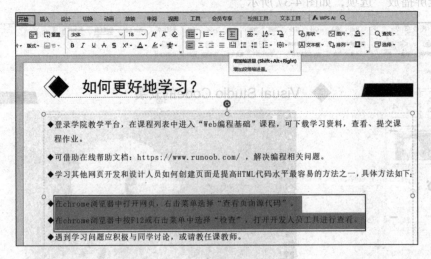

图 4-39　增加缩进量

（3）插入超链接。选中 https://www.runoob.com/，右击，在弹出的菜单中选择"超链接"命令，在"插入超链接"对话框中将文字内容复制到"地址"栏，单击"确定"按钮，完成操作，如图 4-40 所示。最终效果如图 4-41 所示。

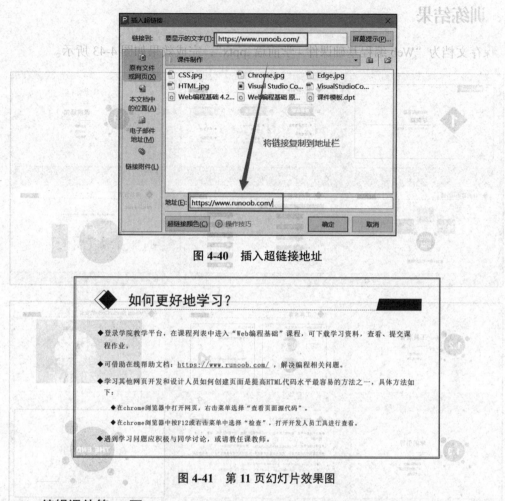

图 4-40　插入超链接地址

◆　**如何更好地学习？**

◆登录学院教学平台，在课程列表中进入"Web编程基础"课程，可下载学习资料，查看、提交课程作业。

◆可借助在线帮助文档：https://www.runoob.com/ ，解决编程相关问题。

◆学习其他网页开发和设计人员如何创建页面是提高HTML代码水平最容易的方法之一，具体方法如下：

　　◆在chrome浏览器中打开网页，右击菜单选择"查看页面源代码"。

　　◆在chrome浏览器中按F12或右击菜单中选择"检查"，打开开发人员工具进行查看。

◆遇到学习问题应积极与同学讨论，或请教任课教师。

图 4-41　第 11 页幻灯片效果图

11. 编辑课件第 12 页

修改第 12 页幻灯片版式为"末尾幻灯片"，方法同前。效果如图 4-42 所示。

图 4-42　第 12 页幻灯片效果图

五、训练结果

保存文档为"Web 编程基础课件 - 学前篇 .pptx"，完成效果如图 4-43 所示。

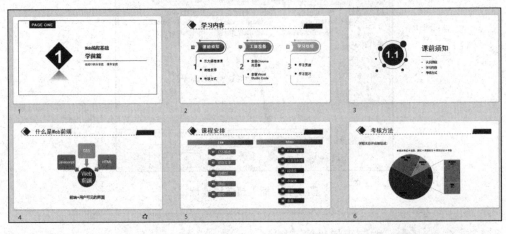

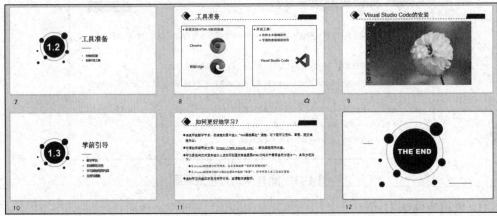

图 4-43　训练 4.2 完成效果图

训练 4.3　设计教学信息展示效果

一、训练目的

通过训练，能够熟练设置幻灯片的动画效果、幻灯片的切换效果和设置幻灯片放映选项。

二、训练内容

为了使教学信息的展示更加生动，引起学生的注意和兴趣，需要为课件增加动态的视觉感受。让静态的图片、文字、图表动起来，同时为课件设置动态的切换效果。

试着进行课件试讲彩排，利用彩排时间自动换片。

三、训练环境

训练 4.3

Windows 10、WPS Office

四、训练步骤

1. 设置动画

打开演示文稿"Web 编程基础课件 - 学前篇 .pptx"，设置课件展示效果。以下效果设置仅供参考，可根据实际需要或者喜好设置展示效果。

（1）设置课件首页的动画效果。打开动画窗格。单击"动画"→"动画窗格"按钮，打开左侧"动画窗格"，方便后续对动画效果的设置与预览。

对课件首页中的对象设置动画效果，在"动画"选项卡中及"动画窗格"中完成以下设置，具体参数如表 4-1 所示。设置方法及效果如图 4-44 所示。

注意：相同的动画设置，为避免重复操作，可以使用"动画"→"动画刷"工具复制动画，使用方法与"格式刷"工具相同。

表 4-1　课件首页动画效果设置参数

动画顺序	对　象	动画效果	动画属性	开　始	速　度
1	PAGE ONE 文本框	擦除	自左侧	单击时	非常快（0.5 秒）
2	"1"文本框	擦除	自左侧	单击时	非常快（0.5 秒）
3	"Web 编程基础"文本框	擦除	自左侧	单击时	非常快（0.5 秒）
	"学前篇"文本框	擦除	自左侧	与上一动画同时	非常快（0.5 秒）
	"福建 ×× 职业学院信息学院"文本框	擦除	自左侧	与上一动画同时	非常快（0.5 秒）

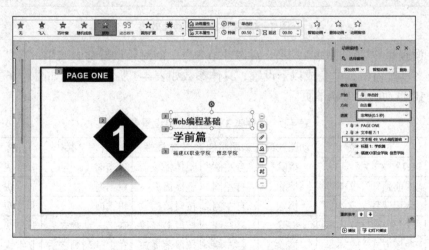

图 4-44　课件首页动画效果

（2）设置课件第 2 页动画效果。对课件第 2 页中的对象设置动画效果，在"动画"选项卡中及"动画窗格"中完成以下设置，具体参数如表 4-2 所示。设置方法同上，设置后效果如图 4-45 所示。

表 4-2　课件第 2 页动画效果设置参数

动画顺序	对　　象	动画效果	动画属性	开　　始	速　　度
1	"学习内容"文本框	百叶窗	水平	单击时	快速（1 秒）
2	"课前须知"文本框	百叶窗	水平	单击时	非常快（0.5 秒）
3	"前端主要使用的三大编程语言""课程安排""考核方式"文本框	飞入	自右侧	在上一动画之后	非常快（0.5 秒）
4	"工具准备"文本框	百叶窗	水平	单击时	非常快（0.5 秒）
5	"安装 Chrome 浏览器""安装 Visual Studio Code"文本框	飞入	自右侧	在上一动画之后	非常快（0.5 秒）
6	"学习引导"文本框	百叶窗	水平	单击时	非常快（0.5 秒）
7	"学习资源""学习技巧"文本框	飞入	自右侧	在上一动画之后	非常快（0.5 秒）

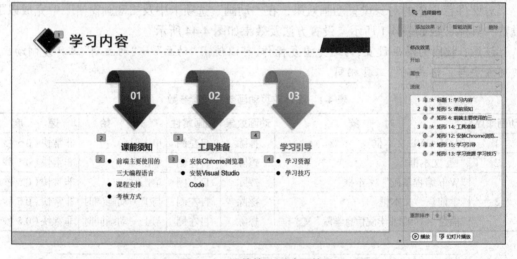

图 4-45　课件第 2 页动画效果

（3）设置课件第 3 页动画效果。对课件第 3 页中的对象设置动画效果，在"动画"选项卡中及"动画窗格"中完成以下设置，具体参数如表 4-3 所示。效果如图 4-46 所示。第 7 页与第 10 页动画设置同本页。

表 4-3　课件第 3 页动画效果设置参数

动画顺序	对　　象	动画效果	动画属性	文本属性	开　　始	速　　度
1	"1.1"文本框	擦除	自左侧	整体播放	单击时	非常快（0.5 秒）
2	"课前须知"文本框	擦除	自左侧	整体播放	单击时	非常快（0.5 秒）
3	"认识课程"文本框	擦除	自左侧	按段落播放	单击时	非常快（0.5 秒）
	"学习内容"文本框	擦除	自左侧	按段落播放	在上一动画之后	非常快（0.5 秒）
	"考核方式"文本框	擦除	自左侧	按段落播放	在上一动画之后	非常快（0.5 秒）

图 4-46 课件第 3 页动画效果

（4）设置课件第 4 件动画效果。对课件第 4 页中的对象设置动画效果，在"动画"选项卡中及"动画窗格"中完成以下设置，具体参数如表 4-4 所示，效果如图 4-47 所示。

表 4-4 课件第 4 页动画效果设置参数

动画顺序	对　　　象	动画效果	动画属性	开　　　始	速　　　度
1	"什么是 Web 前端"文本框	棋盘	下	单击时	非常快（0.5 秒）
2	智能图形	擦除	自左侧	单击时	快速（1 秒）
	"前端＝用户可见的界面"文本框	擦除	自左侧	与上一动画同时	快速（1 秒）

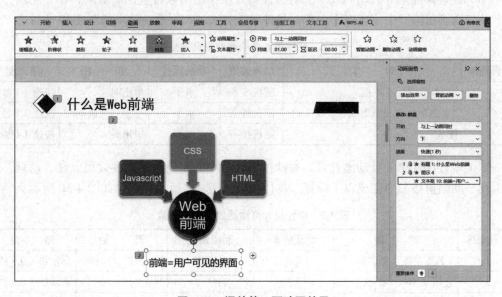

图 4-47 课件第 4 页动画效果

（5）设置课件第 5 页动画效果。对课件第 5 页中的对象设置动画效果，在"动画"选项卡中及"动画窗格"中完成以下设置，具体参数如表 4-5 所示，效果如图 4-48 所示。

表 4-5　课件第 5 页动画效果设置参数

动画顺序	对　象	动画效果	动画属性	开始	速　　度
1	"课程安排"文本框	盒状	外	单击时	非常快（0.5 秒）
2	"CSS"文本框	盒状	内	单击时	非常快（0.5 秒）
3	css.jpg 图片	盒状	外	单击时	非常快（0.5 秒）
4	"HTML"文本框	盒状	内	单击时	非常快（0.5 秒）
5	html.jpg 图片	盒状	外	单击时	非常快（0.5 秒）

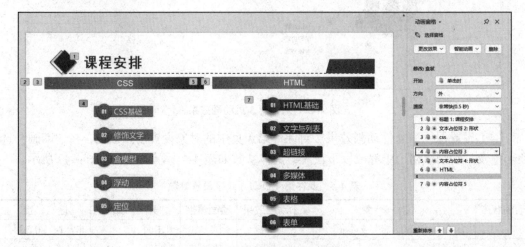

图 4-48　课件第 5 页动画效果

（6）设置课件第 6 页动画效果。对课件第 6 页中的对象设置动画效果，在"动画"选项卡及"动画窗格"中完成以下设置，具体参数如表 4-6 所示，效果如图 4-49 所示。

表 4-6　课件第 6 页动画效果设置参数

动画顺序	对　象	动画效果	动画属性	开　始	速　度
1	"考核方法"文本框	随机线条	水平	单击时	快速（1 秒）
	"学期末总评成绩组成："文本框	随机线条	水平	与上一动画同时	快速（1 秒）
2	图表	随机线条	水平	单击时	快速（1 秒）

（7）设置课件第 8 页动画效果。对课件第 8 页中的对象设置动画效果，在"动画"选项卡及"动画窗格"中完成以下设置，具体参数如表 4-7 所示，效果如图 4-50 所示。

表 4-7　课件第 8 页动画效果设置参数

动画顺序	对　象	动画效果	动画属性	开　始	速　度
1	"工具准备"文本框	飞入	自底部	单击时	非常快（0.5 秒）
2	左边文本框（形状）	飞入	自底部	单击时	非常快（0.5 秒）
3	左文本框内文本和图片	飞入	自底部	在上一动画之后	非常快（0.5 秒）
4	右边文本框（形状）	飞入	自底部	单击时	非常快（0.5 秒）
5	右文本框内文本和图片	飞入	自底部	在上一动画之后	非常快（0.5 秒）

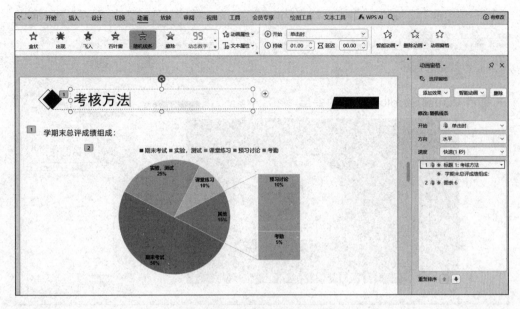

图 4-49　课件第 6 页动画效果

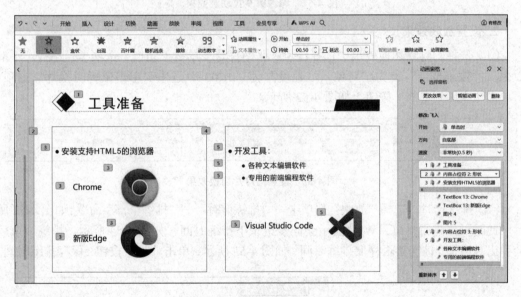

图 4-50　课件第 8 页动画效果

（8）设置课件第 9 页动画效果。对课件第 9 页中的对象设置动画效果，在"动画"选项卡及"动画窗格"中完成以下设置，具体参数如表 4-8 所示，效果如图 4-51 所示。其余各页幻灯片的动画效果可自定，在此不再赘述。

表 4-8　课件第 9 页动画效果设置参数

动画顺序	对　象	动画效果	动画属性	开始	速　度
1	"Visual Studio Code 的安装"文本框	圆形扩展	外	单击时	非常快（0.5 秒）
2	视频	圆形扩展	外	单击时	非常快（0.5 秒）

图 4-51　课件第 9 页动画效果

2. 设置放映效果

（1）选择幻灯片切换效果。选择任意一张幻灯片，单击"切换"选项卡，选择"平滑效果"，"效果选项"设为"对象"，"速度"为"01.00"，选中"单击鼠标时换片"选项，再单击"应用到全部"按钮，如图 4-52 所示。

图 4-52　设置幻灯片切换效果

（2）排练计时。选择"放映"选项卡→"排练计时"→"排练全部"命令，如图 4-53 所示。此时可以进行排练，WPS 演示会同步记录下排练时间，如图 4-54 所示。排练结束后会弹出对话框，询问是否存储排练时间，如图 4-55 所示，单击"是"按钮，保存排练时间。

图 4-53　排练信息展示过程

图 4-54　记录排练时间

（3）设置幻灯片放映选项。选择"放映"→"放映设置"命令，根据实际需要设置放映方式，可以设置使用排练时间换片，如图 4-56 所示。

图 4-55　保存排练时间

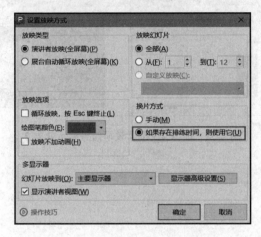

图 4-56　"设置放映方式"对话框

五、训练结果

训练 4.3 的设计教学信息展示效果完成后,部分效果如图 4-57 和图 4-58 所示。

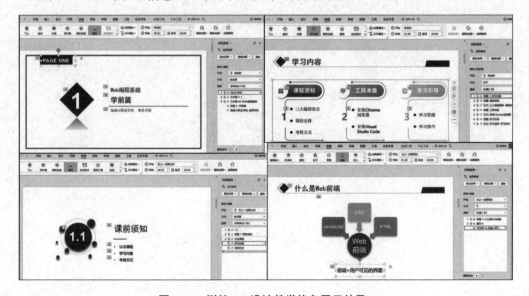

图 4-57　训练 4.3 设计教学信息展示效果 1

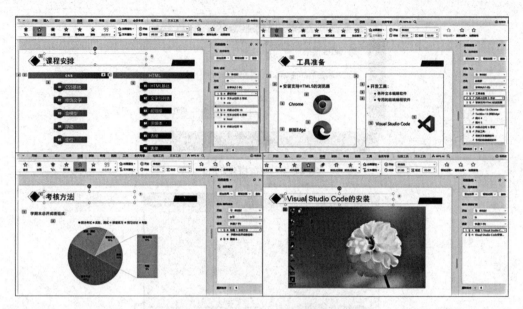

图 4-58 训练 4.3 设计教学信息展示效果 2

综合实训 5　数字媒体技术

训练 5.1　制作新年海报

一、训练目的

通过训练，掌握 Photoshop 软件的使用方法。

二、训练内容

完成新年海报制作任务。

三、训练环境

Windows 10、Photoshop CC 2018

四、训练步骤

1. 了解基础知识

（1）Photoshop 简介。Adobe Photoshop 简称 PS，是由 Adobe 公司开发和发行的图片图像处理软件，是一款功能强大的图像编辑和合成工具，被广泛用于图像处理、图形设计、数字绘画、照片修饰等各种领域。PS 软件包含了很多功能，如图像编辑、图像合成、校色调色及功能色效制作等。PS 启动页如图 5-1 所示。

图 5-1　PS 启动页

（2）色彩三要素。色彩是通过眼、脑和人们的生活经验所产生的一种对光的视觉效应。色彩包含色调（色相）、饱和度（纯度）和明度三个属性，被称为色彩三要素（elements of color）。人眼看到的任一彩色光都是这三个特性的综合效果。

色相：色相是色彩的最大特征，是色彩的相貌，用来区别色彩各类的名称，如红、橙、黄、绿、青、蓝、紫。

饱和度：指色彩的纯净程度（鲜艳程度），它决定了色彩是明亮还是深沉，也就是颜色中含色成分和消色成分(灰色)的比例。含色成分越多，饱和度越高；消色成分越小，饱和度越低。

明度：指色彩的明暗程度，即色彩的深浅差别，又称为色彩的亮度。色彩的明度差别包括两个方面：一是指某一色相的深浅变化，如紫红、玫瑰红、深红，都为红色，但亮度的区别很大；二是指不同色相间存在的明度差别，如六种标准色中，黄色最浅，紫色最深，橙色和绿色、红色和蓝色处于相近的明度之间。颜色明度和深浅上的区别称为色度。

（3）色彩模式。色彩模式是数字世界中表示颜色的一种算法。色彩模式决定了色彩数据的存储和显示方式，不同的色彩模式适用于不同的场景和设备。四种基本的色彩模式分别为 RGB 模式、CMYK 模式、Lab 颜色模式。

① RGB 模式。RGB 模式是 Photoshop 中最常用的颜色模式，由三种色光组成，分别是红色（Red）、绿色（Green）和蓝色（Blue），利用这三种颜色的加法混合可以产生各种各样的颜色，因此该模式也叫加色模式。该模式主要用在 LED 领域，如屏幕显示器、投影设备以及电视机等，如图 5-2 所示。

② CMYK 模式。当光线照射到一个物体上时，这个物体将吸收一部分光，并将剩下的光进行反射，反射的光线就是我们生活中所看见的物体颜色，也就是 CMYK 模式。该模式由青（C）、洋红（M）、黄（Y）和黑（K）四种颜色的油墨构成。CMYK 模式是通过油墨反射光来产生色彩的，采用减色原理，各通道之间相互叠加，颜色越来越深，直至为黑色。CMYK 是印刷模式，媒介主要是打印机、印刷机等印刷器械。该模式常运用在画册、包装、海报等印刷品中，如图 5-3 所示。

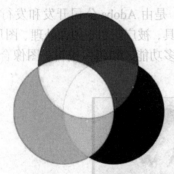

图 5-2　RGB 模式　　　　　　　　　图 5-3　CMYK 模式

③ Lab 模式。Lab 模式是国际照明委员会 (CIE) 于 1976 年公布的一种色彩模式，Lab 分别代表（L，luminosity）亮度、从绿色到红色的范围（A）、从黄色到蓝色的范围（B）。Lab 模式不仅包含了 RGB 和 CMYK 的所有色域，还能表现出它们所不能表现的色彩。它既不依赖光，也不依赖颜料，是目前色彩范围最广的一种颜色模式。因此，在 Photoshop 中，

Lab 模式作为 RGB 模式转 CMYK 模式的过渡模式，使用 Lab 模式进行设计，再根据输出的需要转换成 RGB（显示）模式或 CMYK（印刷）模式。

2. 制作新年海报

（1）打开 Photoshop CC 2018，按 Ctrl+N 组合键，弹出"新建文档"对话框，"名称"改为"新年海报"，宽度设为 20 厘米，高度设为 30 厘米，分辨率设为 300 像素 / 英寸，单击"确定"按钮，如图 5-4 所示。

图 5-4　新建文件

（2）前景色设置为 #cd2f2f，单击"确定"按钮，按 Alt+Delete 组合键将背景图层填充颜色，如图 5-5 所示。

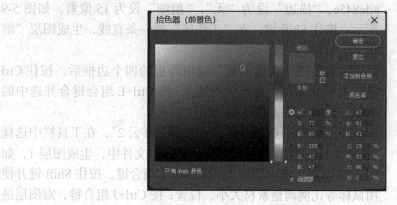

图 5-5　前景色填充

（3）使用鼠标将"腾云底纹"和"金粉碎片底纹"两个素材拖曳到"新年海报"文件中打开，调整其大小、位置，如图 5-6 所示。

图 5-6　加入背景素材

（4）选中"腾云底纹"图层，在"图层"面板上选择"混合模式"中的"正片叠底"模式，透明度调整至 34%。选中"金粉碎片底纹"图层，也将其图层模式改为"正片叠底"模式，如图 5-7 所示。

图 5-7　调整图层模式

（5）打开素材"祥云 1"，将其图层不透明度设置为 50%，按 Ctrl+J 组合键，对图层进行复制，生成"祥云 1 拷贝"图层；使用"移动工具" 选中复制的祥云，将其拖到主窗口左下角的位置如图 5-8 所示；选中祥云，按 Ctrl+T 组合键，右击并从快捷菜单中选择"水平翻转"命令，调整位置后按 Enter 键。

（6）在工具栏中右击并选择形状工具，从弹出的下拉快捷菜单中选择"直线工具"；在工具栏中选择形状，填充色设为 #de845e，"描边"设为"无"，"粗细"设为 15 像素，如图 5-9 所示。按住 Shift 键，在"工作区"画一条直线，生成图层"形状 1"。

（7）使用"直线工具"画出海报的四个边框后，按住 Ctrl 键选中形状图层 1 至形状图层 4，按 Ctrl+E 组合键合并选中的图层，如图 5-10 和图 5-11 所示。

（8）按 Ctrl+O 组合键打开素材"祥云 2"，在工具栏中选择"移动工具" ，将其移动到新年海报文件中，生成图层 1，如图 5-12 所示。选中图层 1，按 Ctrl+T 组合键，按住 Shift 键并使用鼠标等比例调整素材大小、位置；按 Ctrl+J 组合键，对图层进行复制，生成"图层 1 拷贝"图层，选中"图层 1 拷贝"图层，按 Ctrl+T 组合键，右击并从快捷菜单中选择"水平翻转"命令，调整位置后按 Enter 键，如图 5-13 所示。

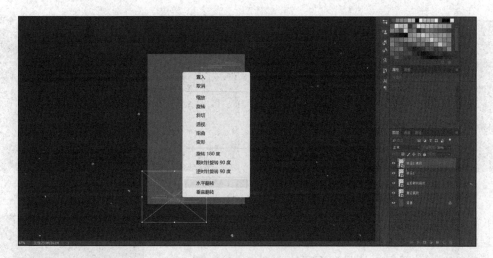

图 5-8　复制祥云图层

图 5-9　使用直线工具

图 5-10　选中图层

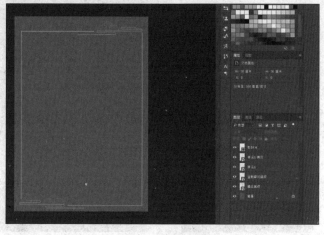

图 5-11　合并图层

图 5-12　打开素材"祥云 2"

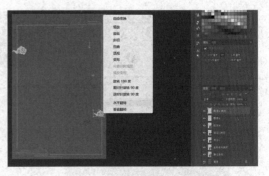

图 5-13　生成"图层 1 拷贝"

（9）单击"图层"面板底部的"创建新组"按钮，在"图层面板"中创建新的组。双击组，重命名为"背景"。将"腾云底纹"至"图层 1 拷贝"图层拖入到组内，如图 5-14所示。

（10）将素材"灯笼"在新年海报文件中打开。选中"灯笼"图层，在菜单栏中选择"视图"→"标尺"命令，将标尺打开；再次选择"视图"→"新建参考线"命令，在打开的对话框中选中"垂直"选项，并设置"位置"为 10 厘米，然后单击"确定"按钮。再根据参考线调整灯笼的位置及大小，如图 5-15 和图 5-16 所示。

（11）将素材"福字底纹"在新年海报文件中打开；单击选中"福字底纹"图层，将其图层模式改为"正片叠底"，"不透明度"调整至 75%，并调整其位置与大小，如图 5-17 所示。

图 5-14　创建背景组

（12）选中"福字底纹"图层，右击并在弹出的快捷菜单中选择"创建剪贴蒙版"命令，如图 5-18 所示。单击"图层"面板底部的"添加图层蒙版"按钮，给"福字底纹"图层添加一个图层蒙版，如图 5-19 所示。

图 5-15　新建参考线

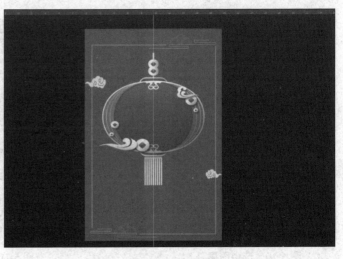

图 5-16　效果图

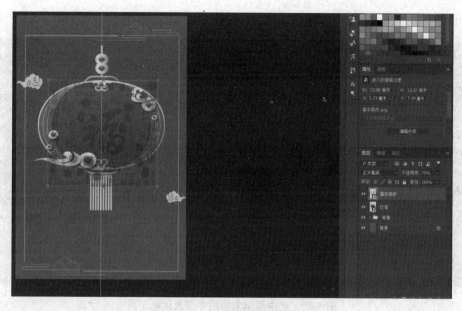

图 5-17 调整图层模式及位置

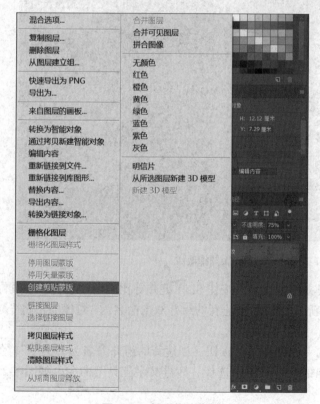

图 5-18 创建剪贴蒙版

图 5-19 添加图层蒙版

（13）选中已添加的"图层蒙版缩略图"，单击工具栏中的"画笔工具" ，此时背景色自动变为黑色，如图 5-20 所示；按住 Alt 键并滑动鼠标滑轮，放大面板中的图像。再使用画笔工具涂抹掉灯笼轮廓上的底纹图案，涂抹痕迹会在"图层蒙版缩略图"中显示，效果如图 5-21 所示。

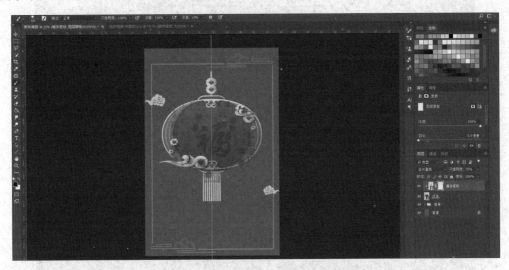

图 5-20　选中图层蒙版缩略图及画笔工具

图 5-21　使用画笔工具涂抹掉底纹

（14）将素材"龙"在新年海报文件中打开，按住 Shift 键并等比例调整素材大小及位置；单击"图层"面板底部的"创建新组"按钮，创建新的组并双击命名为"灯笼"，再将"灯笼"图层至"龙"图层拖入到组内，如图 5-22 所示。

（15）单击"图层"面板底部的"创建新组"按钮，创建新的组并命名为"文字"；在工具栏中右击"文字工具"，在弹出的快捷菜单中选择"横排文字工具"命令，如图 5-23 所示。

（16）单击文档空白处，输入文字"新年快乐"；在菜单栏中选择"文字"→"面板"→"字符面板"命令，在弹出的"字符"面板中将"字体"设置为"华文新魏"，"大小"设置为 110 点，"文本颜色"设置为 #efc56d，"字间距"设置为 96 点，"水平缩放"和"垂直缩放"设置为 100%，选中"仿粗体"，调整字体位置，如图 5-24 所示。

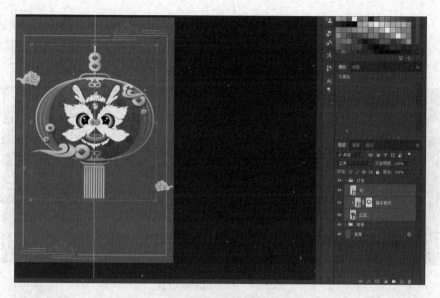

图 5-22　创建灯笼组

图 5-23　选择文字工具

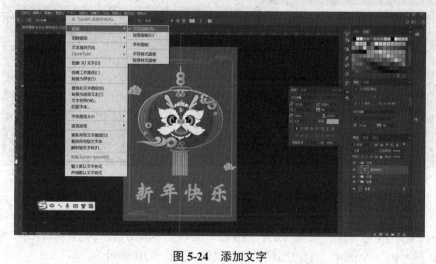

图 5-24　添加文字

（17）双击"文字图层"，弹出"图层样式"对话框。在左侧列表中选择"斜面和浮雕"
"内发光""光泽""颜色叠加"四个选项，参数设置如图 5-25~ 图 5-28 所示，调整后文字
效果如图 5-29 所示。

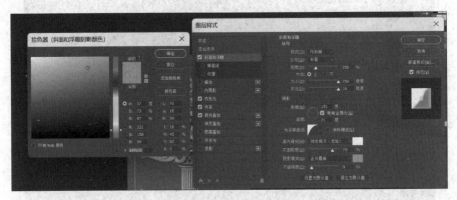

图 5-25　斜面和浮雕设置

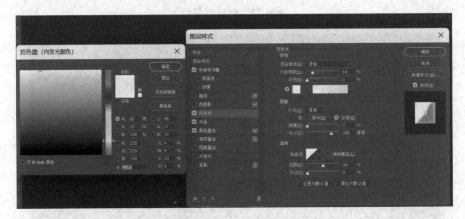

图 5-26　内发光设置

图 5-27　光泽设置

（18）在工具栏中选择"形状工具"，右击并从快捷菜单中选择"椭圆工具"命令，在
工具栏中设置"填充"为"无"，设置"描边"颜色为 #ffcd7f、"24 像素"；在"年"字上
按住 Shift 键并画一个圆形，生成图层"椭圆 1"，如图 5-30 所示。

图 5-28　颜色叠加设置

图 5-29　设置图层样式后的文字效果

图 5-30　绘制椭圆图形

（19）单击选中绘制好的圆形，使用 Ctrl+C 和 Ctrl+V 组合键复制及粘贴出四个相同的圆形，再调整其位置。每复制一个图形，在图层面板中将会增加一个图层，如图 5-31 所示。

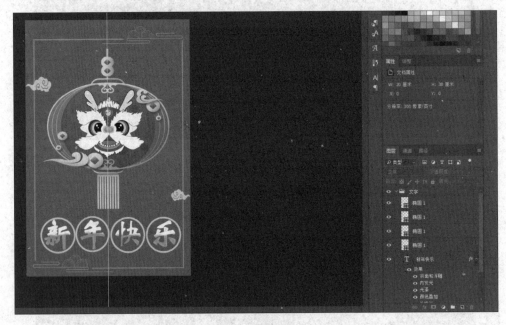

图 5-31　复制圆形

（20）按住 Ctrl 键并单击图层，连续选中四个圆形图层，使用 Ctrl+E 组合键合并图层。将"文字"素材在新年海报文件中打开，单击将其选中，按 Ctrl+T 组合键调整其大小及位置，如图 5-32 所示。

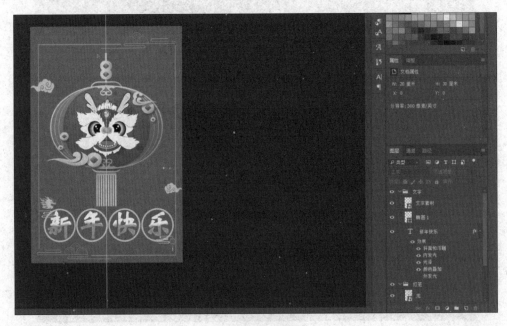

图 5-32　添加素材

（21）将图像编辑完成后，选择"文件"→"存储"命令或按 Ctrl+S 组合键，保存修改后的图像文件，此时会弹出"另存为"对话框，从中选择保存文件的位置，在"文件名"文本框中输入要保存的文件名称，在"保存类型"下拉列表中选择保存文件的格式，可将文件保存为 PSD 原文件格式，或选择需要的图片格式，最终效果如图 5-33 所示。

图 5-33　保存文件

五、训练结果

训练结果如图 5-34 所示。

图 5-34　效果图

训练 5.2　制作烟灰缸模型

一、训练目的

通过训练，掌握 3ds Max 软件的使用方法。

二、训练内容

完成烟灰缸建模任务。

训练 5.2

三、训练环境

Windows 10、3ds Max 2020

四、训练步骤

1. 了解基础知识

（1）3ds Max 简介。3ds Max 全称为 3D Studio Max，是 Discreet 公司开发的（后被 Autodesk 公司合并）基于 PC 系统的 3D 建模渲染和制作软件，主要用于制作 3D 动画、模型、交互式游戏和视觉效果。图 5-35 所示为 3ds Max 2020 启动页面。

图 5-35　3ds Max 2020 启动页面

（2）3ds Max 页面。3ds Max 2020 主界面如图 5-36 所示。

① 菜单栏：菜单栏包含文件、编辑、工具、组、视图、组件、修改器、动画、图形编辑器、渲染、Civil View、自定义、脚本、Interactive、内容等菜单。

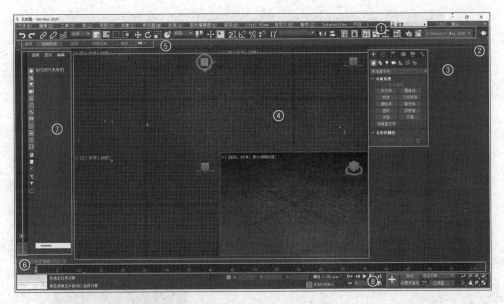

图 5-36　3ds Max 2020 主界面

②工具栏：放置常用操作工具的图标形式，默认位于主界面上方，如撤销、恢复、选择并链接、断开当前选择链接等。按 Alt+6 组合键，可以隐藏/显示工具栏。

③命令面板：是默认位于界面右侧，主要用于创建对象，并对其进行修改。常用的命令面板有创建、修改、层次等面板，在每个面板中有很多的子命令。

④视图导航区：是最主要的工作区域，分为顶视图、前视图、左视图和透视图。

⑤石墨建模工具：位于工具栏下方，集成了"可编辑多边形"的全部操作，方便建模工作。

⑥时间滑块区：是制作动画时必须要使用的功能。

⑦场景资源管理器：具有查看、排序、过滤和选择对象功能，同时也提供了其他功能，如重命名、删除、隐藏和冻结对象、创建和修改对象层次，以及编辑对象属性等功能，可以帮助用户快速对场景进行管理和编辑。

⑧动画控制区：位于界面下方，包括时间帧和动画控制按钮。

2. 烟灰缸建模

（1）打开 3ds Max 软件，单击右侧的"创建面板"，在下拉快捷菜单中选择"标准基本体"，在下方"对象类型"面板中选择新建"圆锥体"，如图 5-37 所示。

（2）在视图导航区左下方的"透视图"中通过鼠标拖曳进行圆锥体的创建，如图 5-38 所示。

（3）在右侧的"参数面板"中将圆锥体参数调整如下："半径 1"为 6.0，"半径 2"为 5.0，"高度"为 3.0，"高度分段"为 5，"端面分段"为 1，"边数"为 35，如图 5-39 所示。

图 5-37　创建圆锥体

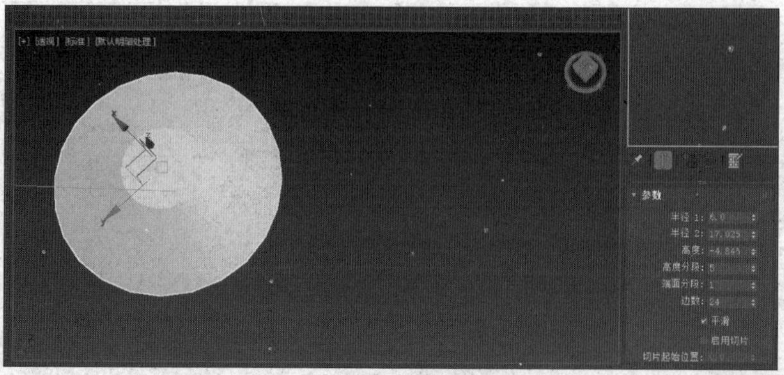

图 5-38　圆锥体的创建效果

（4）单击右侧“创建”面板中的“标准基本体”，在下方的“对象类型”中单击“圆柱体”按钮，如图 5-40 所示。

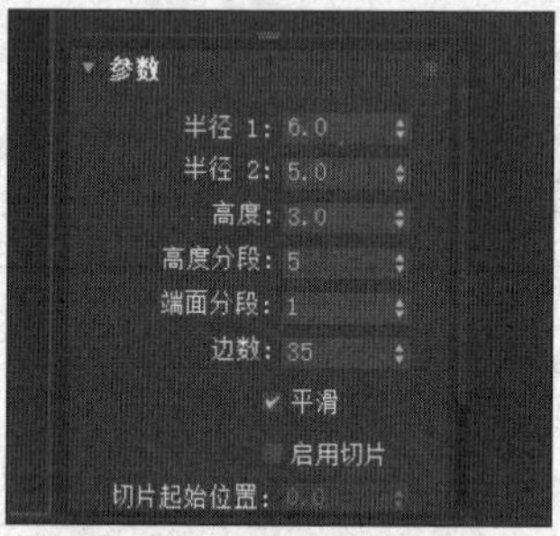

图 5-39　调整圆锥体参数

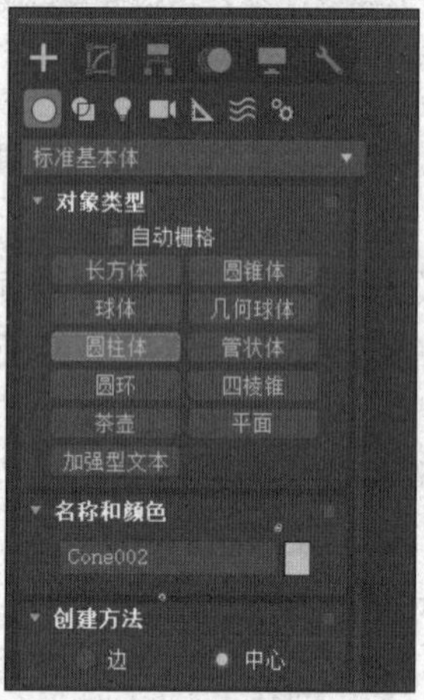

图 5-40　单击“圆柱体”按钮

（5）使用鼠标在透视图中拖曳出圆柱体，并将参数修改如下：“半径”为 4.0，“高度”为 5.0，“高度分段”为 5，“端面分段”为 1，“边数”为 25，如图 5-41 所示。

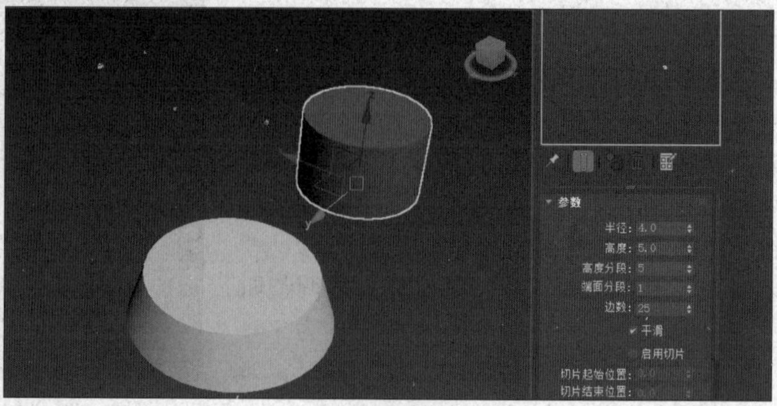

图 5-41　创建圆柱体的效果

（6）单击选中透视图中已创建好的圆锥体，单击上方工具栏中的对齐按钮，如图 5-42 所示。

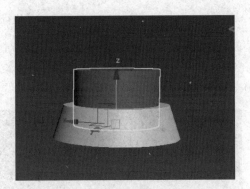

图 5-42　单击对齐按钮

（7）在弹出的对话框中勾选"X 位置""Y 位置""Z 位置"复选框，在"当前对象"选项区中选择"中心"，在"目标对象"选项区中选择"中心"，单击"确定"按钮，如图 5-43 所示。

（8）用鼠标拖动圆柱体，调整圆柱体在圆锥体中 Y 轴的位置，如图 5-44 所示。

图 5-43　对齐对象

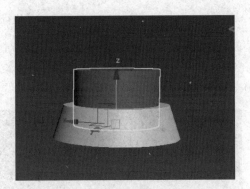

图 5-44　调整对象的位置

（9）选中圆锥体，在"创建"面板中选择"复合对象"类型，单击"布尔"按钮，如图 5-45 所示。

（10）在右侧"运算对象参数"面板中单击"差集"按钮，如图 5-46 所示。

图 5-45　单击"布尔"按钮

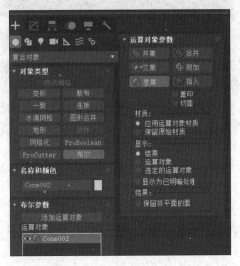

图 5-46　单击"差集"按钮

（11）单击"布尔参数"选项区下面的"添加运算对象"按钮，再单击圆柱体对象。经过布尔运算，做出烟灰缸雏形，如图5-47所示。

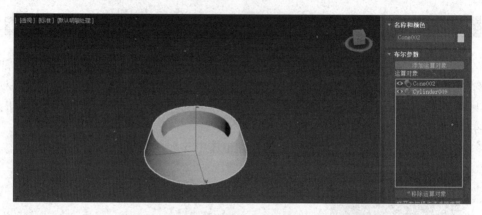

图5-47　进行布尔运算

（12）在"创建"面板中将类型由"复合对象"切换至"标准基本体"。单击"圆柱体"按钮，在"透视面板"中拖曳鼠标创建圆柱体，并调整参数如下："半径"为1.0，"高度"为3.0，如图5-48所示。

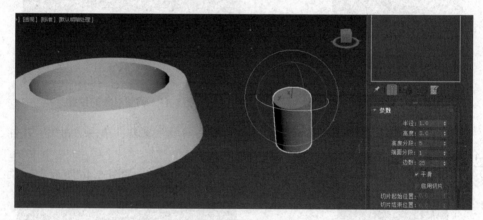

图5-48　创建圆柱体

（13）按快捷键E切换到"旋转命令"，将圆柱体沿着X轴旋转90°后横放；按快捷键W切换至"移动"命令，将圆柱体摆放到烟灰缸边缘合适位置，如图5-49所示。

（14）选中圆柱体，按住Shift键并拖动圆柱体，在弹出的"克隆选项"对话框中选中"复制"选项，复制出三个圆柱体，并将其调整到烟灰缸边缘，如图5-50和图5-51所示。

（15）选中圆锥体，在"创建"面板中将类型切换为"复合对象"，单击"布尔"按钮，如图5-52所示。

（16）在"运算对象参数"面板中单击"差集"按钮，在左边的"布尔参数"选项区中单击"添加运算对象"按钮，再依次单击三个圆柱体进行布尔运算，完成烟灰缸的创建。

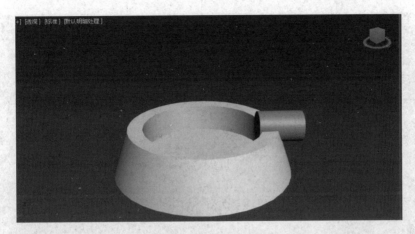

图 5-49　调整圆柱体位置

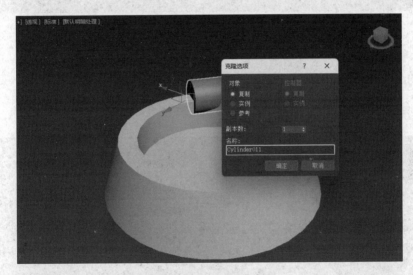

图 5-50　复制圆柱体

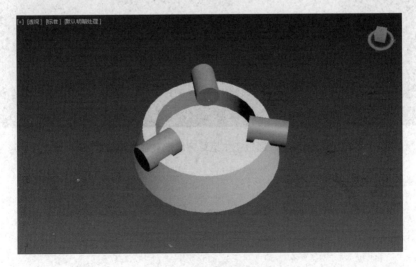

图 5-51　调整圆柱体位置

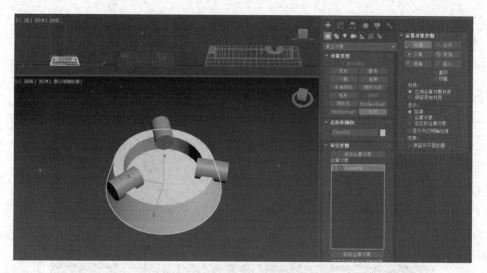

图 5-52　进布尔运算

五、训练结果

训练结果如图 5-53 所示。

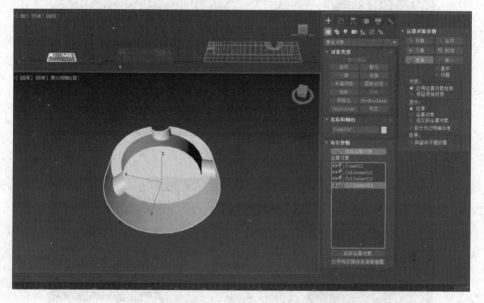

图 5-53　通过布尔运算完成烟灰缸的建模

综合实训 6　信息检索技术

训练 6.1　整理专升本信息

一、训练目的

通过训练，初步了解信息的检索的概念、分类、检索方法和一般程序；能够进一步归纳搜索引擎的概念、分类，了解常用的搜索引擎及使用技巧；学会对搜索结果进行整理、分类。

二、训练内容

通过网络了解专升本相关信息。

训练 6.1

三、训练环境

能上网的 PC 或手机

四、训练步骤

1. 了解搜索引擎

本次训练主要是练习使用搜索引擎，并将搜索到的结果进行整理。所谓搜索引擎，就是根据用户需求与一定算法，运用特定策略从互联网检索出指定信息并反馈给用户的一门检索技术。搜索引擎依托于多种技术，如网络爬虫技术、检索排序技术、网页处理技术、大数据处理技术、自然语言处理技术等，为信息检索用户提供快速、高相关性的信息服务。

搜索引擎技术的核心模块一般包括爬虫、索引、检索和排序等，同时可添加其他一系列辅助模块，以便为用户创造更好的搜索效果。搜索引擎一般无须安装和配置环境，只需要打开浏览器，输入对应地址即可，下面介绍两种常见搜索引擎。

（1）百度搜索引擎。百度搜索引擎是中国互联网用户最常用的搜索引擎，每天完成上亿次搜索，也是全球最大的中文搜索引擎，可查询数十亿中文网页，如图 6-1 所示。

（2）Bing 搜索引擎。Bing 是微软公司推出的全新搜索引擎服务，集成了多个独特功能，包括每日首页美图等。它具备与 Windows 操作系统深度融合的超级搜索功能，以及崭新的搜索结果导航模式等。用户可登录微软 Bing 首页，打开内置于操作系统的 Bing 应用，可直达 Bing 的网页、图片、视频、词典、翻译、资讯、地图等全球信息搜索服务，如图 6-2 所示。

图 6-1　百度搜索引擎

图 6-2　微软 Bing 搜索引擎

网络上还有种类繁多的搜索引擎，有综合性的，也有一些专业性的，如迅雷、搜狗等。应注意，有部分搜索引擎并不符合道德或者法律规定，因此在网络中，使用搜索引擎要遵纪守法。接下来的训练内容的实现过程采用百度搜索引擎。

2. 信息搜索

（1）搜索福建省专升本最新政策。如图 6-3 所示，在浏览器中打开百度搜索引擎，输入"福建省专升本最新政策"，找到对应官方网站，查看官方最新政策。

图 6-3　在百度中搜索"福建省专升本最新政策"

（2）搜索专升本计算机课程讲解视频。如图 6-4 所示，通过百度搜索引擎查找关于专升本计算机类课程介绍、知识讲解视频。在检索对话框中输入"专升本　计算机　讲解"，选中视频检索，即可得到相应结果。注意，这里关键字中间有空格，这次搜索有三个关键词。如果没有空格就是一个关键词，请读者自行测试比较。

图 6-4　在百度的"视频"类别中搜索"专升本 计算机 讲解"

（3）专升本励志图片检索。如图 6-5 所示，通过百度搜索引擎查找专升本励志图片，或者在制作相关宣传资料时需要图片素材，这个时候可以选择图片检索。

图 6-5　在百度的"图片"类别中搜索"专升本励志图片"

3. 信息整理

搜索引擎可以帮助使用者在 Internet 上找到特定的信息，但它们同时也会返回大量无关的信息，比如，图 6-3~图 6-5 返回的检索结果中，有不少结果是广告等干扰信息。为了去除干扰结果，保留有用结果，同时也为了以后查看方便，这里需要对结果进行整理、分类，以保留有用信息。我们使用一个文档来保存和记录对应内容，文档内容和格式参考本章综合训练练习材料。

五、训练结果

训练结果如图 6-6 所示。

图 6-6　归类后的文档

训练 6.2　搜集毕业论文资料

一、训练目的

通过训练，增强使用专门平台检索期刊论文信息的能力；学会使用专门平台整理、归纳参考文献。

二、训练内容

为了撰写一篇关于人工智能在种植大棚方面应用的毕业论文，查阅相关资料。

三、训练环境

能上网的 PC 或手机。

训练 6.2

四、训练步骤

毕业论文通常是一篇较长的有文献资料佐证的学术论文，是高等学校毕业生提交的有一定学术价值和学术水平的文章。毕业论文是大学生从理论基础知识学习到从事科学技术研究与创新活动的最初尝试。一篇优秀的毕业论文，应该是本学科研究领域最新动态的体现，是对自己大学专业学习的总结，是本人综合能力的展示。在整个毕业论文写作中需要查找大量的文献资料。文献检索是毕业论文撰写的前提和基本要求，文献资料的查找对一篇毕业论文写作的成功至关重要。

1. 了解期刊文献检索平台

（1）百度学术。百度学术（https://xueshu.baidu.com）于 2014 年 6 月上线，是百度旗下的免费学术资源搜索平台，致力于将资源检索技术和大数据挖掘分析能力贡献于学术研究，优化学术资源生态，引导学术价值创新，为海内外科研工作者提供最全面的学术资源检索和最好的科研服务体验，如图 6-7 所示。

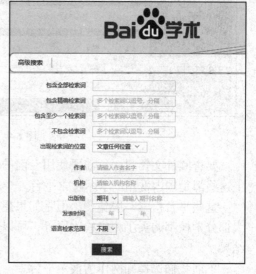

图 6-7　百度学术检索

百度学术收录了包括知网、维普、万方、Elsevier、Springer、Wiley、NCBI 等 120 多万个国内外学术站点，索引了超过 12 亿学术资源页面，建设了包括学术期刊、会议论文、学位论文、专利、图书等类型学术文献，是目前全球文献覆盖量最大的学术平台之一；同时还构建了包含 400 多万个中国学者主页的学者库和包含 1.9 万多中外文期刊主页的期刊库，目前每年为数千万学术用户提供近 30 亿次服务。

（2）中国知网。知网作为国家知识基础设施（national knowledge infrastructure，NKI）的概念由世界银行于 1998 年提出。中国知识基础设施工程（China national knowledge infrastructure，CNKI）是以实现全社会知识资源传播共享与增值利用为目标的信息化建设项目。知网由清华大学、清华同方发起，始建于 1999 年 6 月，如图 6-8 所示。

CNKI 工程集团经过多年努力，采用自主开发并具有国际领先水平的数字图书馆技术，建成了世界上全文信息量规模最大的 CNKI 数字图书馆，并正式启动建设《中国知识资源总库》及 CNKI 网格资源共享平台，通过产业化运作，为全社会知识资源高效共享提供最丰富的知识信息资源和最有效的知识传播与数字化学习平台。

图 6-8 知网

（3）万方数据知识服务平台。万方数据是由万方数据公司开发的，涵盖期刊、会议纪要、论文、学术成果、学术会议论文的大型网络数据库，也是与中国知网齐名的中国专业的学术数据库。其开发公司——万方数据股份有限公司是国内第一家以信息服务为核心的股份制高新技术企业，是在互联网领域集信息资源产品、信息增值服务和信息处理方案为一体的综合信息服务商，如图 6-9 所示。

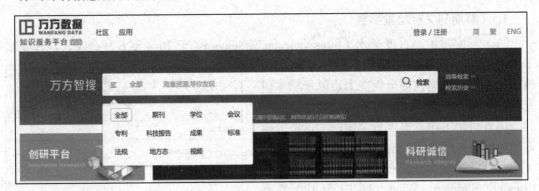

图 6-9 万方数据平台

要查阅外文资料，还需要使用专门的平台来进行检索，这里我们就不一一介绍了。以上这些都是国内常用的学术检索平台。

这些平台检索一般免费，但是如果想要查看检索到的全文，需要支付一定的费用，绝大部分学校都购买了相应检索服务，可以通过学校账户获取服务，查看检索的论文或其他结果。

下面我们选择知网作为演示平台。

2. 资料查阅

（1）根据主题查找期刊、学位论文或图书，根据论文方向提炼出人工智能应用和种植大棚等关键词。

在主题输入框分别输入"人工智能应用"和"种植大棚"，结果如图 6-10 和图 6-11 所示。

（2）查看后可知，这两个关键词检索结果大部分文章并不具备太大参考意义。接下来，我们在人工智能应用搜索结果中输入"大棚"，并在结果中搜索，此时发现仅有两篇文章，如图 6-12 所示。

图 6-10 "人工智能应用"检索结果

图 6-11 "种植大棚"检索结果

（3）此时发现，人工智能应用在种植大棚领域，主题一般为"智慧大棚"，因此我们使用"智慧大棚"来进行搜索，结果如图 6-13 所示。

图 6-12　在结果中检索

（4）图 6-13 的检索结果比较接近于想要的结果，但是包含了所有计算机技术，接下来用选择全文检索，关键字输入"人工智能"，并在以上检索结果中检索，得到了大量符合要求的参考资料，如图 6-14 所示。

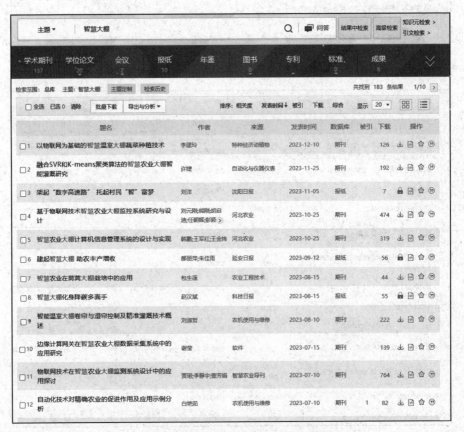

图 6-13　检索"智慧大棚"的结果

通过对人工智能在种植大棚应用方面的参考资料的查找过程可知，一开始并不一定能够找到准确关键词，这时候需要转换查找角度，根据检索结果来重新设定更为准确的关键词。如果关键词范围过大，需要在结果中再次检索，进一步压缩检索结果。

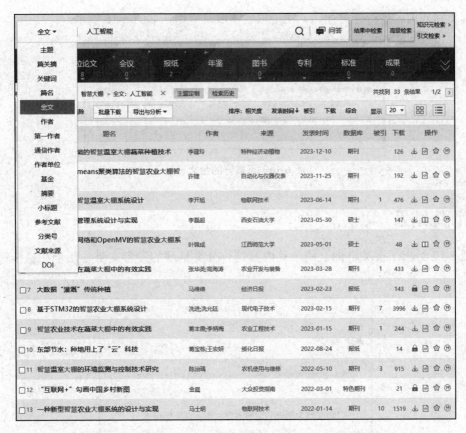

图 6-14　在检索结果中找出与"人工智能"相关的文献

3. 归类整理

（1）分类整理。按照摘要，根据论文中不同知识点需要分类整理，参考练习材料，可将图 6-15 信息整理到文档中，便于使用。

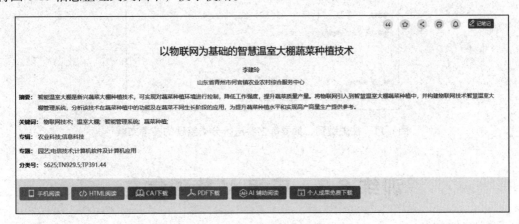

图 6-15　检索结果展开页面

（2）下载归档。在展开的页面中下载相应的内容，可以选择不同格式并存储到本地，再根据类别或内容进行分类存储，便于以后学习及应用，如图 6-16 所示。

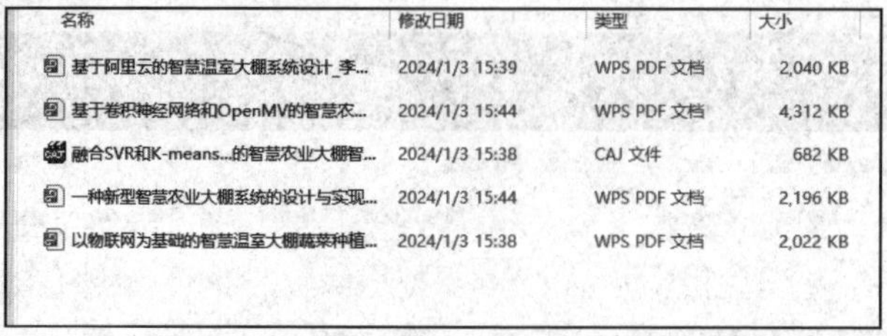

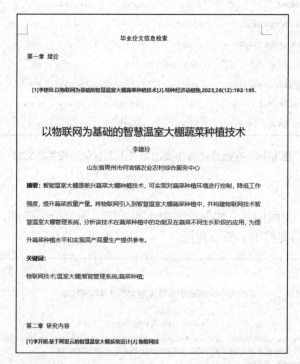

名称	修改日期	类型	大小
基于阿里云的智慧温室大棚系统设计_李...	2024/1/3 15:39	WPS PDF 文档	2,040 KB
基于卷积神经网络和OpenMV的智慧农...	2024/1/3 15:44	WPS PDF 文档	4,312 KB
融合SVR和K-means...的智慧农业大棚智...	2024/1/3 15:38	CAJ 文件	682 KB
一种新型智慧农业大棚系统的设计与实现...	2024/1/3 15:44	WPS PDF 文档	2,196 KB
以物联网为基础的智慧温室大棚蔬菜种植...	2024/1/3 15:38	WPS PDF 文档	2,022 KB

图 6-16　下载好的全文资料

五、训练结果

图 6-17 给出了按关键词、摘要等内容进行分类整理的参考文献，便于在写作过程中进行查阅。

毕业论文信息检索

第一章 绪论

[1]李建玲.以物联网为基础的智慧温室大棚蔬菜种植技术[J].特种经济动植物,2023,26(12):192-195.

以物联网为基础的智慧温室大棚蔬菜种植技术

李建玲

山东省青州市何官镇农业农村综合服务中心

摘要：智能温室大棚是新兴蔬菜大棚种植技术，可实现对蔬菜种植环境进行控制，降低工作强度，提升蔬菜质量产量。将物联网引入到智慧温室大棚蔬菜种植中，并构建物联网技术智慧温室大棚管理系统，分析该技术在蔬菜种植中的功能及在蔬菜不同生长阶段的应用，为提升蔬菜种植水平和实现高产高量生产提供参考。

关键词：

物联网技术;温室大棚;智能管理系统;蔬菜种植;

第二章 研究内容

[1]李开旭.基于阿里云的智慧温室大棚系统设计[J].物联网技

图 6-17　按关键词、摘要等内容进行分类整理的参考文献

训练 6.3　应用 AI 整理信息

一、训练目的

通过训练，能够应用基于大语言模型的 AI 软件整理资料。

二、训练内容

混合应用 AI 撰写毕业论文引言部分。

训练 6.3

三、训练环境

能上网的 PC 或手机

四、训练步骤

1. 了解文心一言

大语言模型从 2022 年年底开始流行，这里重点介绍百度文心一言大语言模型。

文心一言（英文名：ERNIE Bot）是百度全新一代知识增强大语言模型，文心大模型家族的新成员，能够与人对话互动，回答问题，协助创作，高效便捷地帮助人们获取信息、知识和灵感。文心一言从数万亿数据和数千亿知识中融合学习，得到预训练大模型，在此基础上采用有监督精调、人类反馈强化学习、提示等技术，具备知识增强、检索增强和对话增强的技术优势。在百度首页即可找到文心一言，登录百度账号，单击进入如图 6-18 所示界面。

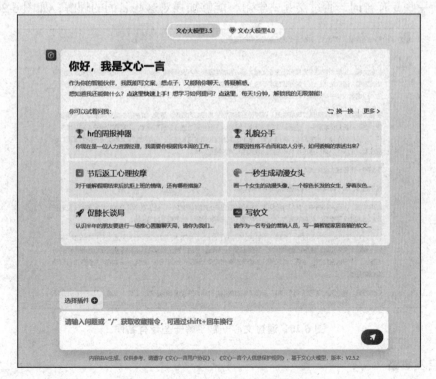

图 6-18　文心一言大语言模型应用界面

2. 了解毕业论文引言格式

如图 6-19 所示，通过提问论文格式，获取论文写作格式相关知识。

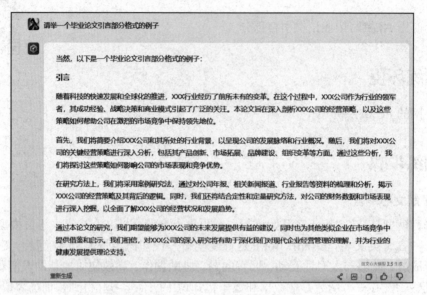

图 6-19　通过文心一言了解论文引言格式

3. 学习名词

对于一些专有名词，通过交互式学习，能够加强对这些名词的理解，如图 6-20 所示。

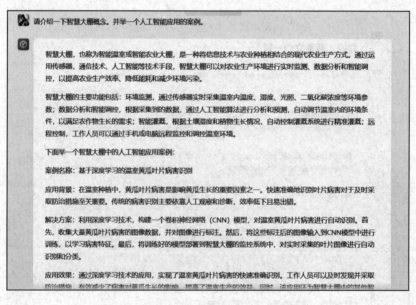

图 6-20　通过文心一言了解一些专有名词

4. 启发思路

通过与大语言模型交互，可以提供思路，如图 6-21 所示。

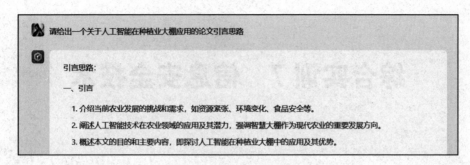

图 6-21　与文心一言交互

五、训练结果

　　通过对以上资料整理，我们可以得到一个毕业论文初稿。这里特别指出，无论是文心一言等 AI 软件，还是用搜索引擎在论文库中检索的结果，这些内容都不是自己的内容，我们通过阅读这些内容，获取知识、思路、方法，结合自身知识，然后完成相关内容的写作。要坚决杜绝抄袭行为，也不能简单用 AI 生成论文等内容，这些都是违反伦理道德的行为。

　　同时需要注意，文心一言等大语言模型所给出的结果并不一定是准确的，而查阅论文、书籍获得的结果相对准确。AI 得出的结果，主要是提供思路，给予参考，真正辨别真伪，形成论文，还需要结合自身专业知识和查阅准确资料。

综合实训 7　信息安全技术

训练 7.1　计算机安全设置

一、训练目的

通过训练，掌握简单的计算机保护策略。

二、训练内容

训练 7.1

（1）强密码设置。
（2）安全中心病毒和威胁防护设置。
（3）防火墙的启用和关闭。
（4）阻止所有远程主机访问本机。
（5）安装杀毒软件。

三、训练环境

Windows 10、个人计算机

四、训练步骤

1. 强密码设置训练

在日常计算机使用中要确保密码安全，通过设置强密码防止暴力破解，符合以下条件的密码是强密码。

- 不少于 8 个字符。
- 应该包含大写字母、小写字母、数字、符号等 4 种类型中的 3 种。
- 不能包含用户名中连续 3 个或 3 个以上字符。
- 不能使用字典中包含的单词或只在单词后加简单的后缀。
- 避免使用与自己相关的信息作为密码，如家属、亲朋好友的名字、生日、电话号码等。
- 避免顺序字符组合，如 abcdef、defdef、a1b2c3。
- 避免使用键盘临近字符组合，如 1qaz@WSX、qwerty。

- 避免使用特殊含义及其变形组合，如 password、P@ssw0rd、5201314、5@01314。

（1）BIOS 强密码设置。BIOS 保存着计算机基本输入 / 输出程序、开机后自检程序和系统自启动程序，重要性不言而喻。

① 重启计算机，按 BIOS 热键 F2（一般 BIOS 键是 F2、F1、Esc、Del。如果不知道开机后几秒内会出现自检画面，屏幕下方就会看到几行英文，上面可以看到具体的启动热键）。可以进入如图 7-1 所示界面。

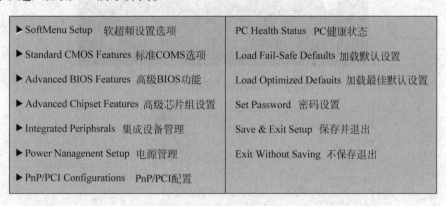

▶ SoftMenu Setup　软超频设置选项	PC Health Status　PC健康状态
▶ Standard CMOS Features 标准COMS选项	Load Fail-Safe Defaults 加载默认设置
▶ Advanced BIOS Features　高级BIOS功能	Load Optimized Defauits 加载最佳默认设置
▶ Advanced Chipset Features 高级芯片组设置	Set Password　密码设置
▶ Integrated Periphsrals　集成设备管理	Save & Exit Setup　保存并退出
▶ Power Nanagenent Setup　电源管理	Exit Without Saving　不保存退出
▶ PnP/PCI Configurations　PnP/PCI配置	

图 7-1　BIOS 基本界面

② 选择密码设置选项，进入图 7-2 所示界面，进行密码设置即可。

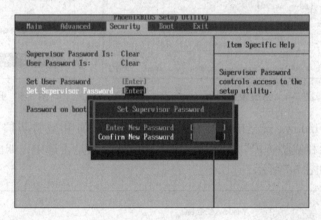

图 7-2　密码设置

（2）操作系统密码设置。

① 按 Wins 键，或者单击 ▦ 图标，打开"开始"菜单，出现如图 7-3 所示画面。

② 单击"设置"图标，出现如图 7-4 所示系统设置界面，单击"账户"选项，在右边找到 PIN（Windows Hello）选项，展开后单击"更改 PIN"选项。

③ 在"更改 PIN"界面中输入旧密码和新密码，完成更改后单击"确定"按钮，如图 7-5 所示。

2. 系统安全中心配置病毒防护

（1）右击 Windows 开始图标，出现"开始"菜单后选择"Windows 安全中心"。

图 7-3　Windows "开始"程序界面

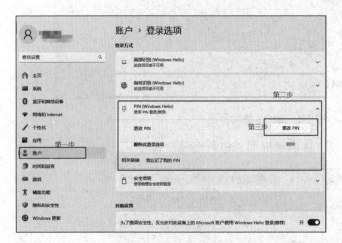

图 7-4　系统设置界面　　　　　　　　　　　　　图 7-5　更改 PIN 界面

（2）打开"Windows 安全中心"窗口后，单击"病毒和威胁防护"图标，如图 7-6 所示。打开"病毒和威胁防护"界面后，查看相应的选项是否选中，如已经选中，则病毒防护已经开启，如图 7-7 所示。

图 7-6　Windows 安全中心

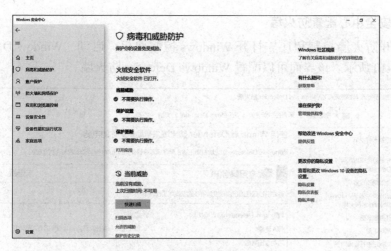

图 7-7　"病毒和威胁防护"界面

（3）设置扫描选项。病毒和威胁防护除了提供实时防护之外，同时也提供了病毒扫描的功能，并且有 4 种方式，如图 7-8 所示，根据需要从中选取一项进行设置。

快速扫描：使用快速扫描的方式，Windows Defender 只扫描操作系统的关键性文件和系统启动项等内容，扫描速度较快。

完全扫描：完全扫描是扫描计算机中的所有文件，扫描速度比较慢。

自定义扫描：可以自己定义需要扫描的文件，扫描速度取决于定义文件的多少。

Microsoft Defender 脱机版扫描：计算机受到恶意病毒破坏，系统无法正常工作，需要进入 Windows Defender 脱机版完成系统的扫描工作。

（4）检查实时防护。进入病毒和威胁防护设置页面，检查"实时保护"状态，确保这个开关处于开启状态，如图 7-9 所示。

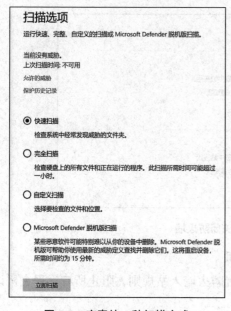

图 7-8　病毒的 4 种扫描方式

图 7-9　实时防护

3. 系统安全中心配置防火墙

（1）打开防火墙控制程序。打开 Windows 控制面板，启动"Window Defender 防火墙"，如图 7-10 所示。该界面可以配置 Windows Defender 防火墙。

图 7-10　Windows Defender 防火墙

（2）启用或关闭防火墙。打开"Window Defender 防火墙"界面后，单击左侧的"启用或关闭 Window Defender 防火墙"选项，显示如图 7-11 所示。

图 7-11　启用或关闭防火墙

4. 配置防火墙：阻止所有远程主机访问本机

如果本地计算机对外不提供服务，可以设置防火墙入站规则，阻止所有远程主机访问本机，以提高本机安全性。

（1）打开"Window Defender 防火墙"界面后，单击左侧的"高级设置"选项，显示如图 7-12 所示。

图 7-12　防火墙的高级设置

（2）在"高级安全 Window Defender 防火墙"窗口中，右击"入站规则"，从快捷菜单中选择"新建规则"命令，如图 7-13 所示。

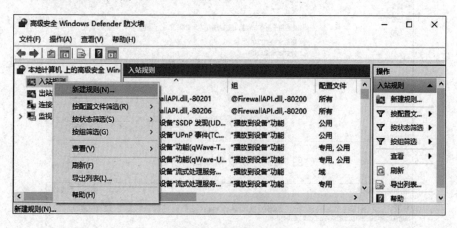

图 7-13　新建入站规则

（3）出现"规则类型"界面后，选择"端口"选项，表示按端口类型配置规则，如图 7-14 所示。

（4）下一步进入"协议和端口"界面后，选择 TCP 类型端口，同时选中"所有本地端口"选项，如图 7-15 所示。

（5）下一步进入"操作"页面，选择"阻止连接"选项，如图 7-16 所示。

（6）下一步进入"配置文件"界面，勾选"域""专用""公用"三个选项，表示任何时候都阻止访问本地端口，如图 7-17 所示。

（7）下一步进入"名称"界面后，给此规则定义一个名称，如"阻止所有计算机访问本地端口"，如图 7-18 所示。

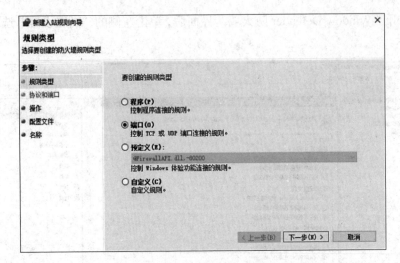

图 7-14 "规则类型"界面

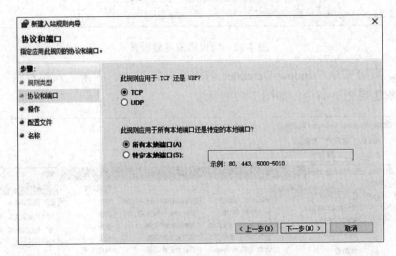

图 7-15 "协议和端口"界面

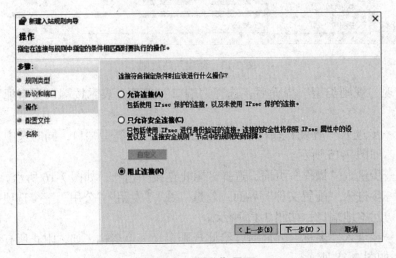

图 7-16 "操作"界面

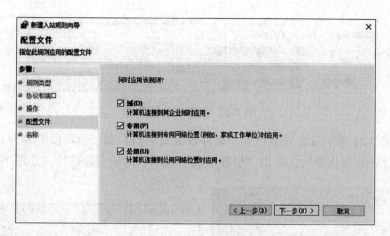

图 7-17　"配置文件"界面

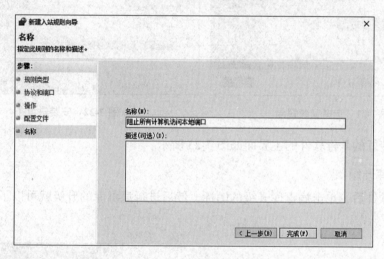

图 7-18　"名称"界面

5. 第三方杀毒软件安装

Windows 10 安全中心附带的杀毒软件能够在一定程度上抵御病毒软件, 但是在杀毒等方面功能还不够强大。现在有很多的免费杀毒软件提供更强大的保护功能, 火绒杀毒软件相对于其他杀毒软件来说, 占用系统内存小, 软件界面简洁易操作, 功能实用。具体安装过程如下。

（1）登录火绒官方网站下载杀毒软件。图 7-19 是下载好的软件。

图 7-19　下载杀毒软件

（2）双击或者右击此软件的安装文件, 然后在快捷菜单中选择"打开"命令, 如图 7-20 所示。

图 7-20　运行安装程序

（3）按图 7-21 所示设置安装目录。软件默认安装到 C 盘，也可以更改为 D 盘来安装。

（4）选择好安装目录后，单击"极速安装"选项，开始安装软件，如图 7-22 所示。

图 7-21　选择安装目录

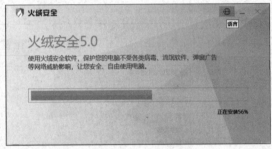

图 7-22　安装进度条

（5）安装好的杀毒软件的主界面如图 7-23 所示。

6. 病毒库升级

安装好软件后，单击病毒库升级的图标，然后进行病毒库的升级就可以了，如图 7-24 所示。

图 7-23　主界面

图 7-24　更新病毒库

提示：第三方杀毒软件安装一种常用的即可。因为杀毒软件需要常驻内存，如果杀毒软件安装过多，会导致计算机运行速度变慢。

五、训练结果

通过计算机安全设置，对计算机进行必要的防护，增强个人计算机的安全性。

训练 7.2　数 据 保 护

一、训练目的

通过训练，了解数据产生的价值，学会保护个人数据。

二、训练内容

（1）数据备份。
（2）数据恢复。
（3）数据加密。

训练 7.2

三、训练环境

Windows 10、百度网盘、EasyRecovery、WinRAR

四、训练步骤

1. 数据备份

数据备份比较容易，现在有很多大企业提供免费网盘。到百度网盘主页下载百度网盘，安装后登录，出现类似图 7-25 所示的百度网盘首页界面。将重要文档整理后，分类存放在网盘中，避免数据丢失。

图 7-25　使用百度网盘备份数据

2. 数据恢复

（1）选择恢复类型。EasyRecovery 安装完毕，双击打开软件。可以在软件主页选择需要恢复的数据类型，如图 7-26 所示。EasyRecovery 可供恢复的数据类型共六大类，分别是文档、文件夹、电子邮件、图片、音频和视频，可根据需要自主选择，也可以直接单击上方的"所有数据"选项来扫描全部数据。

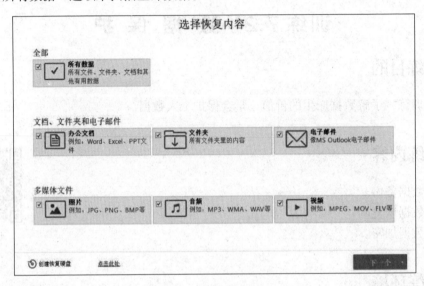

图 7-26　数据类型选择

（2）选择恢复位置。数据类型选择完毕，要选择数据的删除位置来进行有效恢复。如图 7-27 所示，可以选择已有磁盘，也可以选择外部存储设备。需要注意的是，若需要从 U 盘等设备恢复时，需要提前将设备与计算机建立连接。

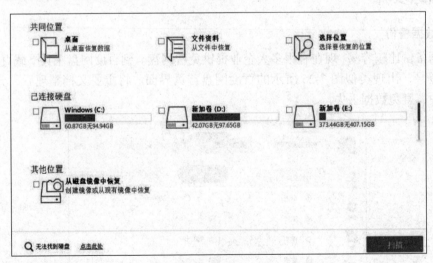

图 7-27　数据位置选择

在我们选择数据恢复位置时，每次都只能选择一处位置进行恢复。

（3）恢复数据。单击界面右下角的"扫描"选项，软件即进入扫描模式，如图 7-28 所示，扫描过程中可以通过界面右上角预览窗口对图片、音频、视频、文档等进行查看。扫描共有两个阶段：第一阶段扫描磁盘中文件和文件夹，第二阶段生成磁盘中目录详情。

扫描结束之后，我们可以通过软件左上角工具栏来筛选数据。工具栏有文件类型、树状视图、已删除列表三大类，如图 7-29 所示，软件默认以树状视图来显示数据。单击文件类型，我们可以按照文件、图片、音频等选项来分类展示扫描到的数据。在"已删除列表"中，我们可以看到设备中从当前磁盘删除的文件。

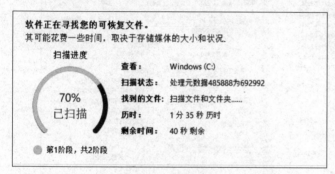

图 7-28 数据扫描

图 7-29 分类

（4）文件恢复。选中需要恢复的文件之后，单击右下角的"恢复"选项，选择数据的保存位置，即可进行恢复操作。

3. 文件加密

（1）打开 WinRAR 应用软件，选择"文件"→"设置默认密码"命令，弹出如图 7-30 所示对话框，在"输入密码"和"再次输入密码以确认"文本框中输入合适的密码。

图 7-30 设置默认加密密码

（2）选中想要加密的文件，单击"添加"按钮，弹出"带密码压缩"对话框，在对话框中设置压缩文件名，单击"确定"按钮，如图 7-31 所示。通过压缩工具即可轻松完成文件加密。

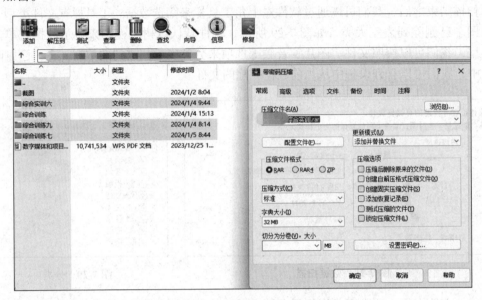

图 7-31　"带密码压缩"对话框

五、训练结果

数据安全的意义在于保护个人隐私，防止经济损失，维护公共利益，保护知识产权和维护社会信任，对个人、企业和整个社会都具有重要的意义。保障数据安全是一项复杂的系统工程，既要使用技术手段，也要通过法律措施保护数据安全，确保合法和合规的数据处理和使用。

训练 7.3　安全思维训练

一、训练目的

通过训练，提高信息安全意识，提升个人信息安全防范能力，加强保护个人隐私，避免信息泄露、信息篡改、信息侵权等问题。

二、训练内容

（1）案例讨论——信息泄露案。
（2）案例讨论——刷单受骗案。

（3）案例讨论——散布谣言。

三、训练环境

教室中分组讨论

四、训练步骤

1. 案例讨论——信息泄露案

请阅读以下材料。

2016 年 8 月 19 日，山东临沂考生徐 ×× 以 568 分的高考成绩，被南京邮电大学录取。徐 ×× 出生寒门，父母以农为业，女儿的争气让这个家庭憧憬着未来的希望。未曾想，徐家的未来在当年 8 月 19 日戛然而止。当天，丧尽天良的陈 ×× 等犯罪嫌疑人，冒充国家机关公职人员，以帮助申办 2000 元助学金为名，从徐 ×× 处诈骗 9900 元学费。徐 ×× 被电信诈骗犯骗走 9900 元学费后郁结于心，与其父亲到公安机关报案后，回家途中身体出现不适，抢救无效不幸离世。

8 月 20 日，临沂公安局罗庄分局对该案立案侦查。8 月底，陈 ×× 等 7 名嫌犯落网。检察机关对 7 名嫌犯批准逮捕。"徐 ×× 案"中的 19 岁"黑客"杜 ×× 侵犯公民个人信息案于 8 月 24 日公开审理并宣判，被告人杜 ×× 非法侵入山东省 2016 年普通高等学校招生考试信息平台网站，窃取高考考生个人信息 64 万余条，其中，向陈 ×× 出售上述信息 10 万余条，获利 14100 余元。在徐 ×× 案中，个人信息遭到泄露是造成徐 ×× 诈骗致死的重要原因。

19 岁黑客杜 ×× 被指控非法获取公民个人信息罪，被判有期徒刑 6 年，并处罚金 6 万元。

"徐 ×× 案"中的主犯陈文辉在江西省九江市租住房屋设立诈骗窝点，通过 QQ 搜索"高考数据群""学生资料数据"等聊天群，在群内发布个人信息购买需求后，从杜 ×× 手中以每条 0.5 元的价格购买了 1800 条 2016 年高中毕业生资料。同时，陈 ×× 雇佣郑某、黄某等人冒充教育局、财政局工作人员拨打电话，以发放助学金名义对高考录取学生实施诈骗。

法院以诈骗罪判处陈 ×× 无期徒刑，以侵犯公民个人信息罪判处其有期徒刑 5 年，并处罚金人民币 3 万元，两罪并罚决定执行无期徒刑并处没收个人全部财产，其他 6 名被告人分获 3~15 年不等有期徒刑。

（案例来源：北京青年报）

讨论以下问题。

（1）如果你是徐 ××，接到陌生人电话，通知办理奖助学金、学费等事项，应该如何做以避免上当？

提示：

① 查询官方网站相关信息。教育类信息一般都会在教育、学校、人力资源和社会保

障局等机关事业单位网站公示。在百度输入相关关键字，可以查询相关信息，如图7-32所示。注意一定要在官方网站上查询准确信息。百度搜索结果中，官方网站带有明显官方标识。

② 坚决不向陌生人转账。一般来讲，缴费项目、保证金之类都需要存放在对公账户中，而对公账户信息是向社会公开的，如图7-33所示。如果转账存在不确定性，可以请求银行工作人员、教师或派出所工作人员等进行帮助。

③ 下载并安装国家反诈App，并应用App中的功能验证。在手机应用商店中搜索国家反诈中心，可以找到反诈App，安装后实名登录，如图7-34所示，可以对来电、可疑事项进行查询验证。如果对方要求安装一些未知App软件，反诈App也可以及时发现，并给予警示。

图 7-32　官方网站查询

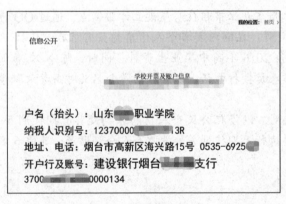

图 7-33　查询对公账户

图 7-34　下载安装反诈 App

（2）树立信息安全保护意识，防范信息泄露风险。信息安全是指采取技术与管理措施保护信息资产，使之不因偶然或者恶意侵犯而遭受破坏、更改及泄露，保证信息系统能够连续、可靠、正常地运行，使安全事件对业务造成的影响减到最小，确保组织业务运行的连续性。在生活、工作中，要注意保护信息安全，时时刻刻建立信息安全意识。

　　信息安全意识是指在信息产生、制作、传播、收集、处理、选取等信息使用过程中，能够认知可能存在的安全问题，明白安全事故对组织的危害，恪守正确的行为方式，并且清楚在安全事故发生时所应采取的措施。图 7-35 所列信息都属于需要保密的范畴，既要防止信息泄露，也不能故意收集及非法应用相关信息。

车次	车牌号	车牌颜色	酒店名称	证件类型	房屋期望售价
船次	出发地	出发时间	入住时间	支付金额	房屋期望租金
地址	到达地	电话号码	退房时间	支付渠道	证件有效期限
简历	航班号	房屋地址	位置信息	支付时间	预约挂号的科室
年龄	联系人	房屋户型	物品名称	观演座位号	预约挂号的医院
席别	目的地	房屋面积	物品数量	银行卡号码	银行预留移动电话号码
性别	座位号	观演场次	物品性质	证件影印件	
姓名	病情描述	行踪轨迹	银行卡号	车辆行驶证号	
账号	舱位等级	婚姻状况	证件号码	车辆识别号码	

图 7-35　常见信息

2. 案例讨论——刷单受骗案

第一阶段：小利诱惑。

27 岁的小李在一个短视频平台看见一条兼职刷单广告，佣金为每小时 30 元。小李遂添加对方 QQ，对方询问小李是否是来应聘客服后，便向其发送了一个链接和一个 App 的安装包。

小李下载注册账号后，App 内的"客服负责人"告知其需刷单后才能做"客服"，该平台刷单可以返利，且不需投入任何本金。随后对方将小李拉进该 App 的"兼职 VIP118 交流群"内，小李见该群内多人均成功提现，便信以为真。

次日小李在该 App 的"申报界面"向人工客服索要账号后进行刷单，起初刷单均成功通过其支付宝账号返利，每单返利 5~10 元。

第二阶段：加大投入

刷了几十单后，"客服"便开始怂恿他"连续做三单任务"，也就是刷大单。但是与之前的小单不同，这种单需要自己垫付资金。小李开始用银行卡充值以继续刷单，得到的报酬也逐渐累至上百元。

被害人心理分析：小李的心理防线在成功地赚取几百元的报酬之后开始土崩瓦解，他的欲望也逐渐膨胀。

被欲望冲昏了头脑的小李，在"客服"的引导下，连续充值了多笔钱：10000 元、19888 元、70000 元、83000 元……

第三阶段：损失惨重。

此时，小李在平台提现时却发现提现失败，"客服"告诉他刚才信息填写错误，导致资金冻结，需要缴纳 5 万元的解冻费，不然前面投入的资金也无法取回。

缴纳完解冻费后，小李发现仍然无法提现，"客服"又以"交易超时""操作违规""资金查控"等理由，要求小李继续刷单。小李向对方转账 22 笔共计 1512044 元后，仍没有提现一分钱，他才意识到自己被骗了。

（案例来源：澎湃新闻）

讨论以下问题。

（1）如果你是小李，如何做才能避免上当受骗？

提示： 不下载来路不明 App，不轻易相信陌生人来电，不贪图蝇头小利，不向陌生人转账，参考案例讨论1。

（2）小李的行为是否构成违法？

提示： 小李行为构成了违法。案例中小李不仅是受害者，同时还触犯了法律，小李有可能违反了以下法律。

① 违反反不正当竞争法。《中华人民共和国反不正当竞争法》强调了公平和诚信的原则，禁止通过虚假交易或其他不当手段提高商业信誉的行为。

② 侵犯消费者权益。《中华人民共和国消费者权益保护法》规定：商家应提供真实信息并履行如实告知义务，而刷单行为可能误导消费者，侵害他们的知情权和选择权。

③ 违反网络交易管理规定。《网络交易管理办法》明确指出：网络经营者和服务经营者在销售商品或服务时，不得采用虚构交易、删除不利评价等不正当竞争手段。

3. 案例讨论——散布谣言

某日，湖北黄冈网安民警在工作中发现，网民"苍茫××"在某资讯平台发布消息称：

现在校园安全问题很严重，今天上午黄冈某中学一名初三女生在校园内被另一名学生捅了 13 刀，生死不明。

某大学学生王×看到这条消息后，转发到学校贴吧，迅速成为热点话题。

经多方核查，该校并未发生相关警情，此信息为谣言（图 7-36）。警方迅速锁定造谣男子苍茫××，为市民漆某。漆某到案后交代：当天上班途经黄州区某中学时，发现教学楼门口拉起了警戒线，认为校园出了安全问题。

图7-36 网络谣言

随后便虚构事实胡编乱造，在其账号发布"初三女生被捅13刀"的谣言。为蹭热度及博取关注，同时他还在一则事关校园安全事故热点新闻报道中跟帖发表该谣言，并与部分网民互动热议，造成不良影响。

根据《中华人民共和国治安管理处罚法》，黄冈经济开发区分局对违法行为人漆某处以行政拘留三日的处罚。

同时大学生王×因转发未经核实消息，造成严重不良影响，因其认错态度较好，学校对其批评教育并给予警告处分。

（案例来源：参考自光明网案例改编）

大学生应该如何文明上网？

提示： 国家互联网信息办公室在中国人民大学召开"网络文明进校园"暨高校网络文化建设推进会上发布的全国大学生网络文明倡议如下。

（1）守好青春底线，做守法的好网民。"无规矩则无方圆，无秩序则无自由"，网络空间从不是"法外之地"，我们要同力共举，树立法治思维，恪守法律精神，守好法律底线，用实际行动为建设法治网络和法治国家贡献力量。

（2）筑牢思想防火墙，做明辨的好网民。锤炼"火眼金睛"，保持清醒头脑，不盲目信谣，不肆意传谣，不恶意造谣，拒绝片面极端的思潮及别有用心的言论，在情理兼修、笃行践履中锻造理性思维，培养和践行社会主义核心价值观。

（3）传播校园正能量，做文明的好网民。面对纷繁复杂的网络环境，我们不能做旁若无人的老好人、置若罔闻的局外人，鼓励大学生积极参与网络空间清朗行动，敢于在网上发声，坚持不懈地弘扬社会主义核心价值观，突出社会主流价值，积极传递正能量。

五、训练结果

建立信息安全意识，能识别常见的网络欺诈行为，能有效维护信息活动中个人、他人的合法权益和公共信息安全。

综合实训 8 物 联 网

训练 8.1 智慧农业大棚 3D 虚拟仿真体验

一、训练目的

通过训练，了解物联网技术体系架构，掌握物联网系统部署过程。

训练 8.1-1

二、训练内容

在虚拟仿真环境下，搭建一套智慧农业环境监测与智能控制系统。

三、训练环境

Windows 10、北京京胜物联网虚拟仿真实验平台、智慧农业 3D 虚拟仿真实验系统、安卓开发环境（Eclispe、JDK、ADT、SDK）。

训练 8.1-2

四、训练步骤

1. 搭建物联网感知层环境设备

（1）PC 端启动物联网虚拟仿真实验系统。

（2）在实验台拖入所需的实验设备，或者直接在预制模板节点下直接拖入智能农业 App 演示模板，如图 8-1 所示。

2. 物联网网络层配置

（1）在物联网虚拟仿真实验系统中设置网关 IP 地址为 192.168.185.2。

（2）为确保 PC 和移动端在同一局域网中，移动端设备需要连接 PC 所在的局域网。

（3）打开移动端智能农业 App。

（4）在 App 连接网关界面输入网关显示的 IP 地址和端口号，IP 地址填入 192.168.185.2，端口号为 4000。前提是需 PC 和移动端在同一局域网中。

（5）根据提示选择"连接网关"按钮，根据 App 提示选择跳转到 App 软件环境或者虚拟 3D 仿真环境，单击"否"按钮，进入 Activity 模板，如图 8-2 所示。

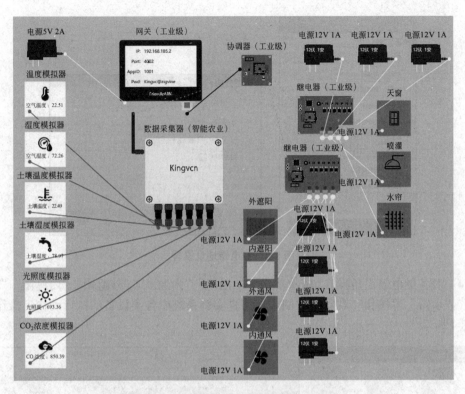

图 8-1 物联网虚拟仿真实验平台

图 8-2 连接网关设置

3. 体验 App 控制物联网虚拟仿真实验系统中的设备

（1）进入 Activity 模板后，选择继电器设备，设置继电器的地址与虚拟仿真环境下的继电器地址一致。如果操作错误则会有对应的提示，操作界面如图 8-3 所示。

（2）当设置完成后，单击"保存设置"按钮，进入下一个 Activity 界面。

（3）在当前 Activity 界面查看各传感器的数值，检查数值是否和物联网虚拟仿真实验系统中感知层设备的数值一致。

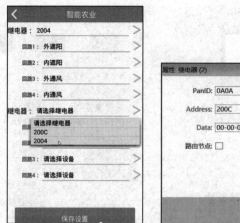

图 8-3　继电器地址设置

（4）对各继电器设备操作，依次单击"外通风""内通风""外遮阳""内遮阳""天窗""喷灌""水帘"等按钮，观察物联网虚拟仿真实验系统中各类设备的执行动作。操作界面如图 8-4 所示。

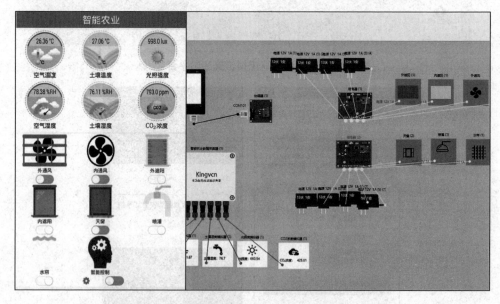

图 8-4　App 控制物联网虚拟仿真实验平台虚拟设备

4. 体验智能控制

（1）开启智能控制模式。

（2）根据提示，选择开关左侧的"齿轮图标"控件即可对临界值进行设置。

（3）可以根据需求设置临界值，如：最低温度设置为 10℃，最高温度设置为 35℃。或者单击"获取默认值"按钮来获取默认设置的临界值。

（4）然后单击"保存"按钮，即可回到智能农业 Activity。如果不想保存此次修改，单击"取消"按钮。

（5）如果想更改临界值设置，则再次选择"齿轮图标"控件，可重新对临界值进行设置。操作界面如图 8-5 所示。

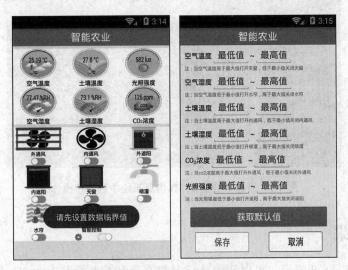

图 8-5　App 智能控制参数设置

5. 体验应用层 PC 端的智慧农业 3D 虚拟仿真

（1）在 App 连接网关界面输入网关显示的 IP 地址和端口号，IP 地址填入 192.168.185.2，端口号为 4000。

（2）在图 8-2 所示的界面中，单击"是"按钮，跳转到智慧农业虚拟 3D 仿真环境控制系统。

（3）在 App 中单击"内通风"按钮，观察一下智慧农业虚拟 3D 仿真环境控制系统中的内通风应该已经打开，可以降低大棚内二氧化碳的浓度，如图 8-6 所示。

图 8-6　智慧农业虚拟 3D 仿真系统

（4）在 App 中单击"水帘"按钮，打开智慧农业虚拟 3D 仿真环境控制系统中的内水帘，如图 8-7 所示。

（5）单击"外遮阳"按钮，增加大棚的光照度。

（6）单击"天窗"按钮，降低空气温度和二氧化碳浓度。

（7）单击"喷灌"按钮，降低土壤温度和土壤水分。

图 8-7　智慧农业虚拟 3D 仿真系统中的水帘操作

五、训练结果

训练结果如图 8-8 所示，可以使用 App 软件采集和控制智慧农业 3D 虚拟仿真环境。

图 8-8　App 智慧农业虚拟 3D 仿真系统中的设备

训练 8.2　实训平台下智慧农业大棚系统搭建实现

一、训练目的

通过训练，能够对物联网感知层传感器及控制器设备正确选型，能够正确配置参数实现无线传感器网络组网，能够设计和搭建智慧农业物联网采集与控制系统。

训练 8.2-1　　　　训练 8.2-2　　　　训练 8.2-3　　　　训练 8.2-4　　　　训练 8.2-5

二、训练内容

在实训平台环境下，搭建一套智慧农业大棚数据采集与控制系统，实现传感器检测数据，执行器控制设备。通过网关进行数据传输，实现手机远程监测传感数据和控制功能，最终实现空气温度、湿度和光照度的采集，并能够实现自动补光、自动灌溉和自动通风功能。

三、训练环境

Windows 10、新大陆物联网综合实训平台

四、训练步骤

1. 智慧农业大棚系统设计

设计智慧农业大棚系统的三层体系架构：感知层、网络层和应用层。根据系统架构选择实训所需要的设备，如图 8-9 所示。

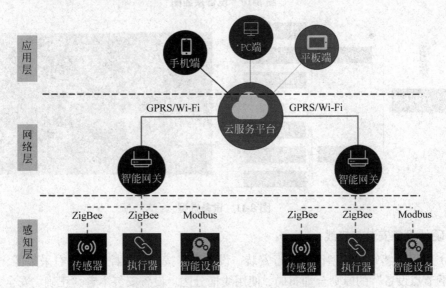

图 8-9　智慧农业大棚系统体系架构

2. 智慧农业大棚实训设备选型

（1）实训的设备包括感知层套件、网关，（数据的传输）、手机（检测数据与控制）、物联网应用实训工位、电源线信号线等耗材、剥线钳、斜口钳、螺丝刀等操作工具以及接线图纸。设备接线如图 8-10 所示。

（2）感知层设备选型。根据系统功能需求，需要选用温湿度传感器 1 个、光照度传感器 1 个、4 输入模拟量无线传感节点 1 个、控制器件有通风风扇 2 个、4150 数字量采集器 1 个、继电器 2 个、ZigBee 继电器节点 1 个、照明灯泡 1 个。设备选型如图 8-11 所示。

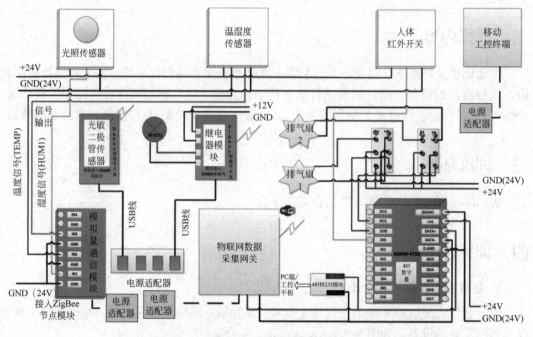

图 8-10　设备接线图

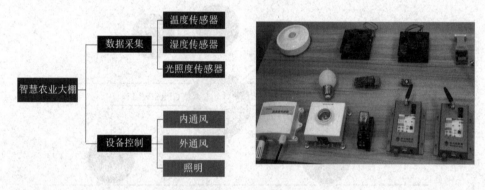

图 8-11　设备选型

3. 硬件设备安装与接线

（1）对以上感知层选型设备进行安装。设备布局按照"左控制区，右采集区，上传感设备，下节点设备"的原则合理布局，使用线槽分区。设备安装本着"正确、安全、牢固、美观"的原则，先安装风扇等设备，后安装控制器及 ZigBee 节点，并正确合理选用螺丝，使用垫片。工位布局如图 8-12 所示。

（2）按照设备接线图纸进行设备接线，选用合理的线色，线头长度适度，剥线长度在 0.5cm 左右，确保剥线不宜过长，接线要牢固，不能裸露线头，电源连接正确，走线整洁美观。设备接线原则如图 8-13 所示。

（3）安装排风扇。风扇在智慧农业大棚中可以起到降低温度及调节大棚内二氧化碳浓度的作用。红线接 24V 电源，黑线接地。将风扇固定在移动工位控制区域上，使用 M4 螺丝，后面用螺母进行固定。在安装时注意查看设备工作电压，不要将工作电压为 12V 的风扇接入 24V 电源，否则会烧掉设备。风扇安装与接线方式如图 8-14 所示。

图 8-12　智慧农业大棚系统工位布局图

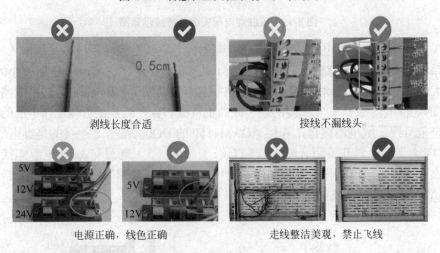

剥线长度合适　　　　　　　　　接线不漏线头

电源正确，线色正确　　　　　　走线整洁美观，禁止飞线

图 8-13　设备接线原则

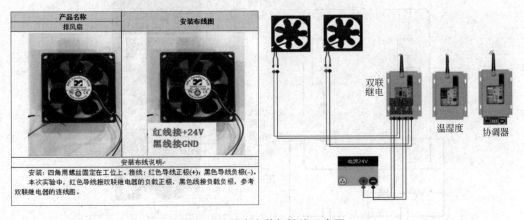

图 8-14　风扇安装与接线示意图

（4）安装 ZigBee 继电器节点。ZigBee 继电器模块有 2 组，可以控制 2 个回路，端子①、②接第 1 号风扇负载的负极与正极，红色为正极，黑色为负极；端子③、④接继电

器的供电正负极，红色的接 24V 电源正极，黑色接地。端子⑤、⑥、⑦、⑧分别接入第二组负载的正负极和继电器供电的正负极。将 ZigBee 继电器节点固定在工位上，分别将负载的正负极插入第一个回路中，将继电器的电源接第 2 组回路中，完成后，将继电器模块插入继电器模块并固定。ZigBee 继电器的安装与接线如图 8-15 所示。

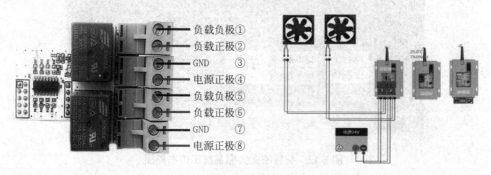

图 8-15　双联继电器安装与接线示意图

（5）安装继电器。继电器是一种电子控制器件，它具有控制系统（又称输入回路）和被控制系统（又称输出回路），通常应用于自动控制电路中，它实际上是用较小的电流去控制较大电流的一种"自动开关"，故在电路中起着自动调节、安全保护、转换电路等作用。

LY2N-J 继电器端子 3、4 连接的是负载的正负极、端子 5、6 是负载工作电源的正负极。端子 7 是信号线，继电器接口 7 连接 ADAM4150 的 DO0。端子 8 连接的是继电器的工作电压 +24V。当继电器开关闭合时候。5 口（-）、6 口（+）电源和 3、4 电源连接并工作。在智慧农业大棚系统通风和补光控制中，使用 2 组继电器对照明灯和 2 号风扇进行开和关控制。LY2N-J 继电器接线如图 8-16 所示。

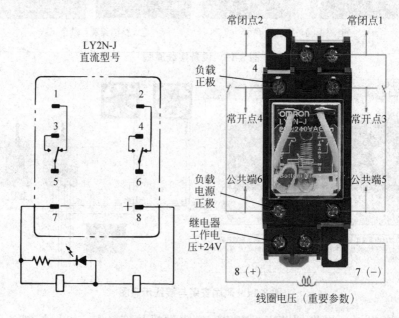

图 8-16　LY2N-J 继电器接线示意图

（6）安装照明灯。自动补光是智慧农业大棚的一个重要功能，所用的控制设备是照明灯，使用之前注意查看工作电压。接线柱上标 N 的为电源负极，标 L 的为 +12V 电源，使用红黑线连接 N 和 L。将照明灯固定在移动工位控制区域上，安装方法：灯座下方有三个拆解卡扣，将盖子打开，用螺丝将底座固定在工位上，底座上的出线孔可自行拆除。装完将盖子盖上，再旋上灯泡即可。（在这里将灯座接有线继电或者 ZigBee 节点上），照明灯安装与接线方式如图 8-17 所示。

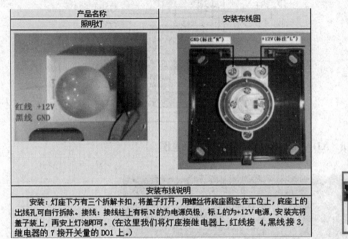
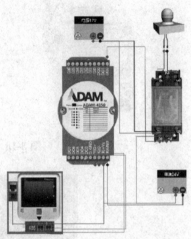

图 8-17　照明灯安装与接线示意图

（7）安装 ADAM 4150 采集器。ADAM 4000 系列模块是一款数据采集和控制模块，采用 RS-485 通信协议，能够与双绞线多支路网络上的网络主机进行通信。它是工业上最广泛使用的双向、平衡传输线标准，可以远距离高速传输和接收数据。

ADAM 4150 支持 7 通道输入及 8 通道输出，分别是 DI0~DI6 和 DO0~DO7，其中，GND 接地的信号线为 24V 供电。首先，将 GND 短路并接地，电源连接 24V 电源端子。其次，连接 485 通信线路并通过 485 端口到端口 232 的转换，连接 PC 或者平板，也可以接入网关的 485 端口，由网关控制 4150。最后，连接 2 路继电器控制信号线，1 路接 1 号继电器信号端子，另一路接 2 号继电器的信号端子，之后将 4150 固定在工位上。ADAM 4150 的安装与接线方式如图 8-18 所示。

（8）上电前检查。使用万用表对设备接线尤其是电源接线进行检查，无误后上电。设备安装效果如图 8-19 所示。

4. 网络层设备配置

在网络层，网关设备相当于硬件传感设备与云服务传输的中介，起着承上启下的作用，负责传输采集的数据，所以需要进行一些配置，将网关设备与云服务平台进行连接。

网关配置包括接入局域网环境和网关连接的参数配置。物联网数据采集网关设备支持 Wi-Fi、RS-485、以太网、ZigBee、USB、RFID、蓝牙等通信功能，支持电容触摸屏，使用电源电压为 12V。

（1）配置局域网环境，部署好本地的路由器 Wi-Fi。

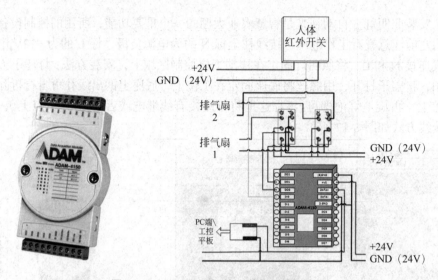

图 8-18　ADAM 4150 的安装与接线示意图

图 8-19　安装效果

（2）网关连接的 Wi-Fi 设置。选择"Wi-Fi 设置"选项，可进行 Wi-Fi 选择与设置，默认情况下，Wi-Fi 是关闭的，单击"关闭服务"按钮，可以开启或关闭 Wi-Fi 服务。Wi-Fi 开启之后，可通过单击"配置"按钮进入，然后单击"创建新连接"按钮，选择需要连接的 Wi-Fi。网关连接 Wi-Fi 设置的界面如图 8-20 所示。

（3）设置网关 IP 地址和子网掩码。单击"配置"按钮，再勾选"DHCP 设置"选项，配置路由器为动态 IP，操作界面如图 8-21 所示。

（4）查看设备参数。设备参数包含了网关的序列号。序列号作为网关的唯一标识。所有网关设备出厂的序列号都是不一样的。序列号作为云平台添加网关设备的网关标识，用于云平台识别指定网关设备的身份号。网关序列查询界面如图 8-22 所示。

（5）网关连接参数。连接参数用于设置网关连接云平台的通信 IP 及端口。设置好连接参数，设备才可连接到云服务平台上。在连接参数界面中包含了主 IP 及主端口、备用 IP 及备用端口。当网关需要连接云平台上，需要在主、备 IP 和端口中选择一处，填写云平台给定的 IP 及端口。填写完后，单击"设置"按钮，从"默认采用"下拉列表中选择所填写的位置，配置才能生效。网关连接参数配置界面如图 8-23 所示。

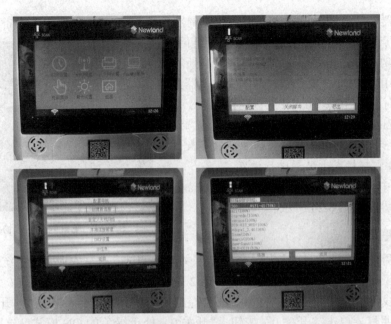

图 8-20 Wi-Fi 设置

图 8-21 网关 IP 地址设置

图 8-22 查询网关序列号

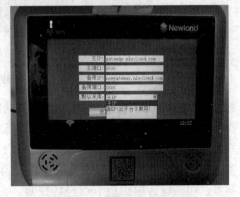

图 8-23 配置网关连接参数

（6）配置协调器参数。再次单击"参数连接"按钮，并单击"协调器参数"按钮，配置网关协调器参数。网关设备内嵌了一块协调器角色的 ZigBee 板，网关设备如需获取到所有传感节点的数据，需跟所有节点进行组网。要想组网成功，首先需要保证网关协调器与所有节点的 Pand ID、Chanel 要一致，而网关协调器参数配置就是对 Pand ID、Chanel 进行配置。

注意：ZigBee 节点在进行 ZigBee 配置时，Pand ID 是十六进制，但是在网关的协调器参数设置中 Pand ID 需转换成十进制进行设置。

本项目中设置 Pan ID 为 6673，设置 Chanel 为 16，配置界面如图 8-24 所示。

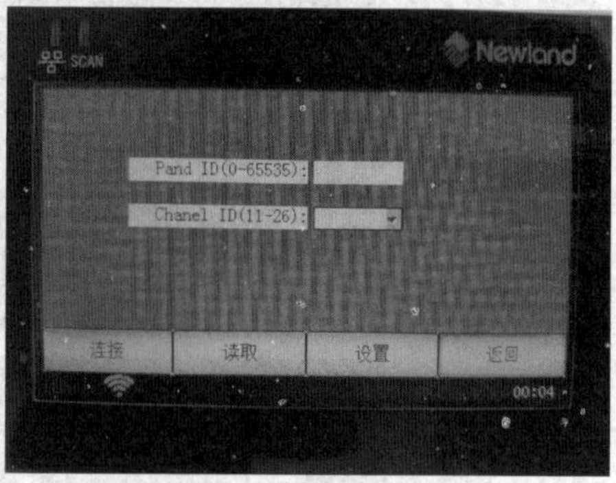

图 8-24 配置网关内嵌协调器参数

5. 系统联调

系统联调按照由近及远的原则，首先从网关开始调试，智慧农业大棚系统主要有两种传送方式：第 1 种是有线的 modbus 协议，第 2 种是无线的 ZigBee 传送协议。

（1）有线传感模式。首先，将网关的监控画面切换到有线传感模式，"开关 0"按钮主要控制照明灯。单击"开关 0"按钮，"开关 0"处于绿色的 ON 模式，这时看到继电器 1 的指示灯处于绿色，灯泡点亮，ADAM DO0 的指示灯变成绿色，说明网关可以通过 modbus 协议来控制 ADAM 4150 及继电器，并由继电器控制照明灯。有线传感模式下的联调如图 8-25 所示。

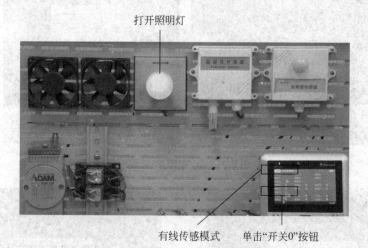

图 8-25 有线模式下控制照明灯

（2）ZigBee 无线传感模式。将网关的监控画面切换至无线传感模式。无线传感部分主要采集温度、湿度和光照度的模拟信号以及 1 号风扇。观察网关的无线传感界面，发现网关无线传感画面中温度、湿度和光照度已经显示，单击"开关 1"按钮，其状态由 OFF 切换为 ON，这时看到，1 号风扇运转正常，说明网关可以通过 ZigBee 协议对 ZigBee 继电器节点和四输入模拟量节点进行控制。无线传感模式下的联调如图 8-26 所示。

通过联调，发现网关不仅能够在无线传送模式下对温度、湿度和光照度进行模拟量的采集，同时，也能够对风扇进行控制。在有线传感部分，可以通过对"开关 0"按钮和"开关 1"按钮的切换,实现对 ADAM 4150 及继电器的控制,从而实现对照明灯和风扇的控制。

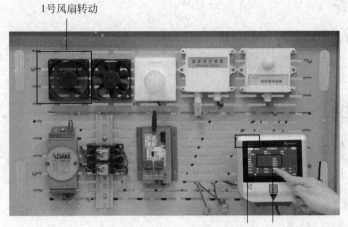

图 8-26　无线传感模式下控制风扇

五、训练结果

安卓手机上下载并安装"移动互联终端"App,配置网关参数,连接网关可以看到温度、湿度、光照度等数据。智慧的农业大棚不仅可以采集数据,还能够智能控制,当温度达到 30° 的时候,可以自动打开风扇通风,如图 8-27 所示。

图 8-27　手机检测传感数据和控制设备

训练 8.3　高端数字化玻璃温室草莓种植项目体验

一、训练目的

通过训练,了解物联网技术的产业应用场景,掌握智能农业大棚的系统架构和物联网系统的搭建过程。

二、训练内容

体验北京科百宏业科技有限公司的实际项目"高端数字化玻璃温室草莓种植"应用案例。

三、训练环境

真实项目案例场景。

四、训练步骤

1. 传感知层传感器安装

在每个智能农业大棚内部署无线空气温湿度传感器、无线土壤温度传感器、无线土壤含水量传感器、无线光照度传感器、无线 CO_2 传感器等，分别用来监测大棚内空气温湿度、土壤温度、土壤水分、光照度、CO_2 浓度等环境参数。为了方便部署和调整位置，所有传感器均应采用电池供电，并传输无线数据。大棚内仅需在少量固定位置提供交流 220V 市电（如风机、水泵、加热器、电动卷帘）。

2. 网络层通信

每个农业大棚园区部署 1 套采集传输设备（包含路由节点、长距离无线网关节点、Wi-Fi 无线网关等），用来覆盖整个园区的所有农业大棚，园区内各农业大棚的传感器数据、设备控制指令数据等传输到 Internet 上与平台服务器交互。

3. 控制设备安装

在每个需要智能控制功能的大棚内安装智能控制设备（包含一体化控制器、扩展控制配电箱、电磁阀、电源转换适配设备等），用来接受控制指令及控制执行设备，实现对大棚内的电动卷帘、智能喷水、智能通风等方面的控制。

4. 搭建微环境监测系统

园区布设微气候环境监测站（空气温湿度、风速风向、太阳全辐射、大气压、降雨量），通过对区域内的微气候环境进行精准监测，并通过云平台镶嵌的作物环境精准预测，预测田间未来 10 天作物生长环境（包括热害、冷害、强降雨、露点等），作为灾情、病虫情的分析依据。根据实时监测向用户发布预警信息功能，实现灾情预警分析及微环境监测系统感知设备的安装，如图 8-28 所示。

5. 草莓生长环境精准调控

根据草莓需求曲线和栽培环境、土壤、草莓本身生理状况的实时监测参数，智能化管控温室设备的运行及水肥设备的运行，对作物的生长环境进行精细化调控，达到作物最佳的生长环境。草莓生长环境精准调控如图 8-29 所示。

图 8-28　微环境监测系统

生育阶段	白天温度 /℃	夜间温度 /℃	湿度 /%
现蕾前	26～28	15～18	80
现蕾期	25	10～12	50～60
开花期	23～25	8～10	50～60
结果期	20～23	8	60～70
果实膨大期	18～20	10	60～70
采收期	18～20	5～7	60～70

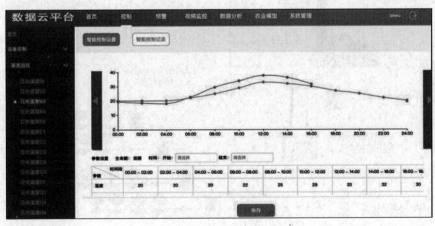

图 8-29　草莓生长环境精准调控

6. 低温高温精准防控

精准感知环境温度，以温度为指标控制策略条件、定时等设置。如果达到设定条件，自动通过喷雾、开窗等指令进行调控。草莓生长环境精准调控如图 8-30 所示。

图 8-30　低温高温精准防控

7. 草莓种植精准灌溉控制系统

水肥对于草莓的生长至关重要，尤其是幼苗期，需水量更大。建设草莓种植水肥一体化基础工程，对于已有的水肥一体化可提供升级改造，在原有基础上引入物联网智能控制系统，即可实现草莓种植区的水肥一体化智能管控，从而节水增效。该系统可根据灌溉制度、土壤水分阈值或天气数据自动生成控制指令，通过行业内领先的物联网无线传输网络将控制指令自动发送到中央控制器，中央控制器将指令发送到前端的物联网无线控制节点，实现阀门、水泵和水肥一体机等开关设备的远程无线自动控制。草莓种植精准灌溉控制系统如图 8-31 所示。

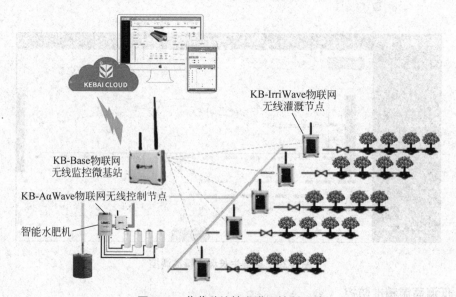

图 8-31　草莓种植精准灌溉控制系统

8. 土壤微环境监测系统

对草莓种植土壤、基质环境进行精准实时数据采集，根据采集的数据进行科学合理的施水、施肥、养分调控。土壤微环境监测系统如图 8-32 所示。

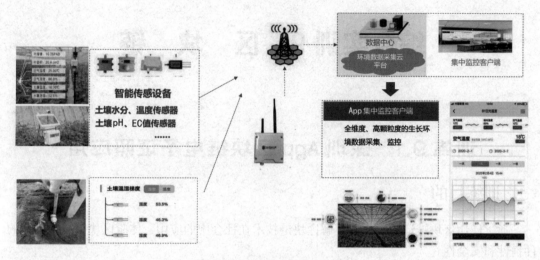

图 8-32　土壤微环境监测系统

五、训练结果

通过对农作物温室内的温度、湿度、光照、土壤温度、土壤含水量、CO_2 浓度等与草莓生长密切相关环境参数进行实时采集，从而在数据服务器上对实时监测数据进行存储和智能分析与决策，并自动开启或者关闭指定设备（如远程控制浇灌、开关卷帘等），为作物生态信息自动监测、对设施进行自动控制和智能化管理提供科学依据和有效手段。

通过智慧农业综合管理平台，可以展示农业大棚内各无线传感器采集的环境数据和现场场景。智慧农业综合管理平台如图 8-33 所示。

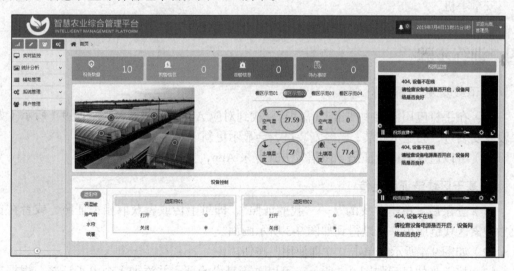

图 8-33　智慧农业综合管理平台

综合实训 9 区 块 链

训练 9.1 深圳 App 区块链电子证照应用

一、训练目的

通过使用区块链证照，初步了解区块链技术在社会中的应用，体验区块链技术带来的便捷性和安全性。

二、训练内容

（1）下载安装"i 深圳"App。

（2）基于区块链技术证照认证练习。

（3）应用区块链证照。

三、训练环境

安卓手机

四、训练步骤

1. 下载安装"i 深圳"App

（1）在手机应用商店中搜索"i 深圳"，找到对应 App，安装即可，如图 9-1 所示（如果没有安装过，会显示安装；已经安装过，会显示更新）。

（2）可以通过手机验证码、微信等方式登录 App，如图 9-2 所示。

2. 基于区块链证照上传

（1）登录后，单击"我的"→"我的证照"，即可上传或者获取相关证照，或者在首页中搜索区块链应用，可以得到如图 9-3 所示画面。

（2）如图 9-4 所示，单击"立即使用"按钮。

（3）接下来的显示如图 9-5 所示，可以进行身份验证，并添加多个电子证照，根据自身拥有证照情况和业务需要添加对应证照即可。

（4）身份验证时需要进行人脸识别，如图 9-6 所示。

图 9-1　"i 深圳"App 安装

图 9-2　登录"i 深圳"App

图 9-3　区块链电子证照应用平台

图 9-4　使用电子证照服务

（5）根据提示，继续完成身份认证，如图 9-7 所示。

（6）最后，需要补充身份证信息，如图 9-8 所示。

图 9-5　添加电子证照

图 9-6　使用人脸识别验证

图 9-7　继续完成验证

图 9-8　进一步验证身份证有效期

3. 应用区块链证照

在完善电子证照基础上，可以方便开展多种业务。租房是一种常见业务，在租房过程中，"i 深圳" App 基于区块链技术的电子证照能够方便地核验相关信息，有利于租房双方建立信任关系。接下来体验一下租房电子证照验证。

（1）单击底部生活按钮"租房易"，可以得到如图 9-9 所示的简捷界面，根据身份不同进行选择即可。

（2）如图 9-10 所示，可以查看双方信息。请注意，这里双方信息是基于区块链技术，是安全可靠且不容易泄露的。

图 9-9　租房易功能页面

图 9-10　查看信息页面

五、训练结果

在电子证照应用中引入区块链技术，可以借助区块链的多中心化同步记账、身份认证、数据加密和数据不可篡改等特征，确保电子证照信息可信任且可追溯，让政务服务各参与主体共同建设、共同维护、共同监督，从而满足公众的知情权、监督权，增强电子证照的安全性与可信度，提高办事效率，同时也拓展了电子证照的应用场景，推进了政务服务便利化。区块链技术在政务服务创新方面大有可为，运用区块链技术提升政务服务水平前景可期。

训练 9.2　数字艺术品收藏与制作

一、训练目的

通过体验数字艺术品交易 App，将区块链技术与现实生活关联起来，体会区块链技术的价值。

二、训练内容

（1）安装数字艺术交易软件。

（2）数字艺术品收藏。

（3）数字艺术品制作。

三、训练环境

安卓手机

四、训练步骤

1. 安装数字艺术品交易 App

（1）在手机应用商店搜索鲸探进行安装，如图 9-11 所示。

（2）打开安装好的 App，可以得到类似图 9-12 所示的界面。

图 9-11　安装鲸探 App

图 9-12　鲸探首页

鲸探是蚂蚁集团旗下数字藏品售卖平台，于 2021 年 12 月正式上线，隶属于蚂蚁数字科技事业群，是一款基于蚂蚁链技术，集数字藏品购买、收藏、观赏以及分享为一体的综合应用平台，集成了蚂蚁链的科技能力，为消费者提供更沉浸式的服务体验。

2. 数字艺术品收藏

（1）注册 / 登录鲸探 App，如图 9-13 所示，可以看到每个用户即可生成一个区块链地址。

（2）在首页中随意购买一款数字藏品，到个人主页，可以看到所购买的藏品，如图 9-14 所示，可以体验使用该藏品作为头像等应用。

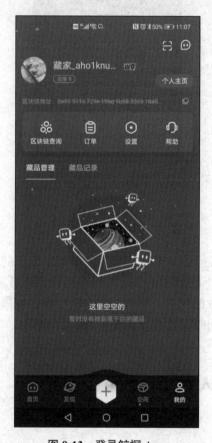

图 9-13　登录鲸探 App　　　　　　　　图 9-14　收藏某数字艺术品

3. 数字艺术品制作

（1）单击首页底部"+"号，即可得到如图 9-15 所示界面，在该界面中可以创作藏品。

（2）可以根据 App 提供模板，或者完全自己创作一幅数字艺术品，如图 9-16 所示。

（3）创作完成的艺术品需要进行审核，审核完成后即可发布。

（4）在个人藏品记录中可以随时查看相应藏品。

图 9-15　创作藏品

图 9-16　利用模板创作

五、训练结果

区块链技术为数字藏品的发行及流通提供了安全、可信的环境，使得数字藏品的版权得到有效保护。每一个数字藏品都在特定区块链上映射了一个唯一的序列号，不可篡改，不可分割，不可相互替换，并记录了链上不可篡改的权力。同时，区块链技术也为数字藏品的收藏者提供了丰富的互动体验，如收藏者之间的交易、分享等。

训练 9.3　数字人民币使用

一、训练目的

通过体验数字人民币，了解区块链技术在金融领域的应用，体验区块链技术在保障数字货币交易的安全性和可信度方面的价值。

二、训练内容

（1）安装数字人民币 App。
（2）绑定银行卡。
（3）使用数字人民币。

三、训练环境

安卓手机

四、训练步骤

1. 安装数字人民币 App

（1）在手机应用商店搜索数字人民币进行安装，如图 9-17 所示。

（2）打开安装好的 App，可以得到类似图 9-18 所示界面，根据提示进行注册即可使用。

图 9-17　安装数字人民币 App

图 9-18　数字人民币注册

数字人民币（字母缩写按照国际使用惯例暂定为"e-CNY"）是由中国人民银行发行的数字形式的法定货币，由指定运营机构参与运营并向公众兑换，以广义账户体系为基础，支持银行账户松耦合功能，与纸钞硬币等价，具有价值特征和法偿性，支持可控匿名。

2. 绑定银行卡

（1）注册 / 登人民币之后，如图 9-19 所示，根据提示需要开通匿名钱包。

（2）从列表钱包中选择一个常用的银行，与该银行进行绑定，即可开通钱包，如图 9-20 所示。这里可以与多家银行进行绑定。

3. 使用数字人民币

（1）绑定银行之后，如图 9-21 所示，单击首页中"充钱包"选项，可以通过银行卡

图 9-19　开通匿名钱包

图 9-20　确认开通钱包

或者手机银行充钱。这里选择通过手机银行，在同一个手机上即可完成所有操作，方便快捷。

（2）在单击"充钱包"选项之后，选择对应的手机银行，如图 9-22 所示，即可跳转到对应手机银行 App，按照手机银行 App 操作即可。

（3）充钱结束后，返回图 9-21 所示页面，可以看到钱包中数字人民币的数额。

图 9-21　首页

图 9-22　向钱包充钱

（4）在开通数字人民币的场所，可以方便地使用数字人民币。

五、训练结果

我国数字人民币借鉴了区块链技术，确保了数字货币的安全性和透明性。区块链技术可以将所有参与者的交易记录按照时间连接起来，从而使整个体系保持完整和不可篡改性。区块链技术的发展使得交易的安全性得到提高。

综合训练 10 人 工 智 能

训练 10.1 智慧校园体验

一、训练目的

通过体验智慧校园，感受信息技术与人工智能应用的深度融合，加深对人工智能技术的直观认识。

二、训练内容

（1）体验智慧迎新、智慧教学、智慧安防等智慧校园场景。
（2）了解各场景的业务流程以及所需的硬件、软件和实现方式。
（3）感受各环节之间的信息交流和数据共享。

三、训练环境

（1）软件：智慧校园软件平台 PC 端以及手机 App、授课软件及 App。
（2）硬件：身份证阅读器、校园一卡通、智能讲台、USB 摄像头、AI 摄像机、AI 无感考勤套件、请假放行机和电子班牌等硬件设备。

四、训练步骤

1. 了解智慧校园

智慧校园是在信息化背景下将人、设备、环境和资源以及社会性等因素进行有机整合后而形成的一种独特的校园系统。智慧校园以物联网技术为基础，以信息的相关性为核心，有机融合了 5G、云计算、大数据、人工智能等新一代信息技术，通过多平台的信息传递手段，可为广大师生提供及时有效的双向交流平台，以及集网络、技术和服务于一体的智能化综合信息服务，从而可以在校园内全方位地实现教学和管理信息化。

智慧校园平台是一套覆盖学校全部业务的大型软件平台，支撑从招生到毕业的全过程管理，包括基础数据平台、协同办公平台、招生就业管理、教务管理、课程教学、学生管理、人力资源管理、财务精细核算、教育教学质量管理等应用平台。智慧校园平台的用户主要包括教职工、学生、家长、企业，可通过计算机浏览器、计算机客户端、手机 App、信息化看板等方式登录和使用。智慧校园软件系统遵循 Java EE 技术规范，采用面向服务架构的设计理念，以微服务方式实现各项业务功能。平台提供掌上 App，满足所有业务掌上办理，支持的手机操作系统需为 Android 4.4 及以上、iOS 8.0 及以上。智慧校园平台是一个连接器，可整合硬件设备中需要交换和共享的重要数据，实现一个万物互联、可感知的智慧校园。本次将从以下几个典型的应用场景进行体验，如图 10-1 所示。

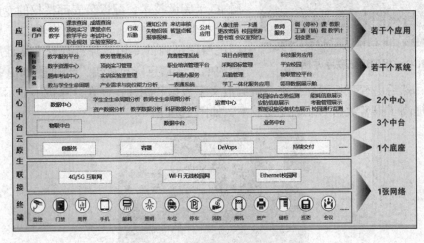

图 10-1　智慧校园平台架构图

2. 智慧迎新

2021 年，某院校采用智慧校园数据中心建设的数字化迎新功能首创"智慧迎新"，包括了微信缴费、刷脸认证、扫码领物资、一键查询入住信息等功能，新生只需通过刷身份证即可完成现场报到，实现"一表填、一码通、一站办"数据自动实时更新，管理员通过监控大屏和移动 App 即可对各院系的报到情况一目了然（图 10-2），辅导员通过移动 App 推送的迎新统计信息可及时掌握本学院各专业的报到情况，极大提高了报到的工作效率。

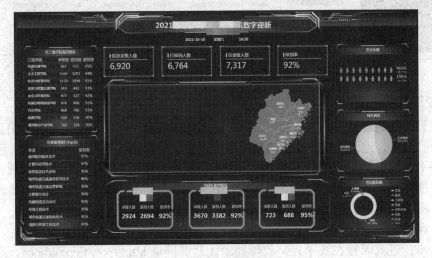

图 10-2　智慧迎新监控大屏

图 10-3 报到现场秩序井然

系统通过刷新生身份证将身份证信息、招生信息和预采集的信息数据进行比对，达到 1 秒精准识别、快速匹配核对、精准签到、快速分流的效果。报到现场秩序井然，没有任何拥挤现象，如图 10-3 所示。

第二代身份证阅读器采用国际上先进的非接触 IC 卡阅读技术，配以公安部授权的专用身份证安全控制模（SAM），以无线传输方式与第二代居民身份证内的专用芯片进行安全认证后，将芯片内的个人信息资料读出，再通过 USB 接口上传至计算机，然后由智慧校园软件平台解码成文字数据和相片，并在计算机中显示和存储起来，大大提高了报名数据的准确度及效率，如图 10-4 所示。

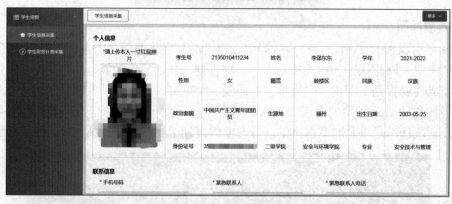

图 10-4 采集新生信息

3. 智慧教学

智慧教学是通过运用人工智能、云计算、大数据等新一代信息技术对教学信息进行识别、捕获、分析，进而实现智能化的教学。智慧教室为智慧教学提供环境基础（图 10-5），智慧校园平台为智慧教学提供应用支撑。智慧校园平台整合了智能讲台、授课软件和教学平台，数据共享且一致，可以协助教师高效率完成教学任务，实现智慧教学，提升学校教学质量（图 10-6）。

（1）课前。

第 1 步，进入课程在线平台。教师登录优慕课网址 http://jxzy.fjcpc.edu.cn，进入相应课程。

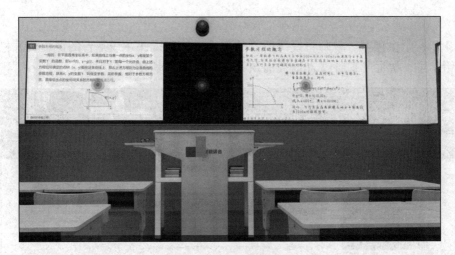

图 10-5　智慧多媒体教室

图 10-6　基于智能讲台的智慧教学流程

　　第 2 步，在线备课。教师可借助授课软件的语音 / 图片文字识别功能，将教辅资料中的印刷字体识别为可编辑的文字，将语音快速转换为可编辑的文字，供板书或 PPT 使用，提高文字录入效率。

　　语音识别系统的核心在于模式识别，它需要在大量的语音样本上进行训练，以便学习到各种语音模式的特征，从而实现对未知语音的识别。此外，语音识别还受到多种因素的影响，如说话者的性别、年龄、方言、语速、情绪等，以及环境噪声和干扰。因此，在实际应用中，除了基本的语音识别技术外，还可能结合其他技术如深度学习、强化学习等来提升识别的准确性。

　　图像识别技术通常基于图像的主要特征来进行识别。例如，字母 A 有尖端，P 有圆环，而 Y 的中心有锐角等。在识别过程中，人的注意力会落在图像轮廓曲度最大或轮廓方向突然变化的地方，这些地方的信息量最大。此外，人们的眼睛在扫过图像时会依次从一个特征转移到另一个特征上，这表明知觉机制需要在输入中排除多余信息，仅保留关键信息。

　　第 3 步，课程设计。利用在线平台的功能，教师可以将 PPT 课件、教学音视频、随堂测验试题等教学资源关联到章节目录相应知识点，组装成完整课程，构建完整的课程知识体系。

第 4 步，学生预习。教师将授课所需的文件上传至授课在线平台的课程资源栏目中，并分享给学生，学生可以通过 App 提前预习，如图 10-7 所示。

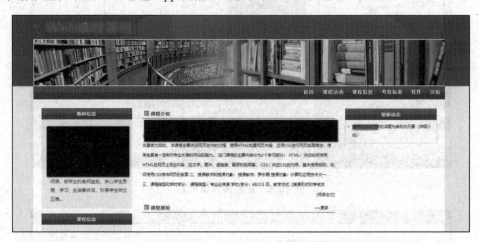

图 10-7　学生在线学习界面

（2）课中。

第 1 步，开启设备。教师打开智能讲台、大屏显示设备及教室相关多媒体设备，从云端下载提前准备好的课件，上课再也不用带 U 盘了。

智能讲台是多媒体教室的核心，它是集屏幕电子板书、资料高拍、无线麦克音响系统、课堂实录、智能中控等为一体的"全纳型"多媒体教学设备，可接入通用教学计算机、大屏显示设备、音响设备、摄像头、物联网等第三方硬件，如图 10-8 所示。

图 10-8　智能讲台

大屏显示设备将教学内容、电子板书、现场演示实验过程呈现给学生，主要用于展示课堂教学内容和师生的互动表达结果。常见的大屏显示设备有普通投影机、HLD 投影机、DLP 液晶工程投影机、激光投影机、液晶电视、液晶触屏一体机等。

物联网智能控制系统网关及设备终端可通过 Wi-Fi 校园网的方式实现教室内所有硬件设备的互联互通，可对设备进行本地或远程控制、智慧化识别、跟踪、监控和管理。

通过管理端远程开关，设备管理员也可对讲台进行远程开 / 关机。

第 2 步，课堂考勤。利用 AI 技术实现无感课堂考勤。课堂上，AI 摄像机或摄像头将获取智慧校园平台课表、班级、学生请假、学生实习等数据，并对学生人脸进行信息采集。教师只需将摄像头没识别出来的学生进行考勤即可，相比在纸上一个一个打钩的传统课堂考勤，效率更高，如图 10-9 所示。

图 10-9　课堂 AI 考勤

　　AI 摄像机内嵌智能人脸点名算法，AI 摄像机及无感考勤套件以深度学习人脸识别技术为依托，精准定位包括脸颊、眉、眼、口、鼻等人脸五官及轮廓的上百个关键点，建立特征值，通过人脸识别抓拍，采用 $M:N$（多对多）进行比对，找出最相似的一张人脸，并返回相似度。可以对最远 20 米范围内的人脸抓拍并比对，实现自动人脸识别课堂考勤，如图 10-10 所示。

　　智慧校园平台后台可自动同步识别结果，在 App 或看板上显示考勤结果，如图 10-11 所示。

图 10-10　AI 无感考勤套件

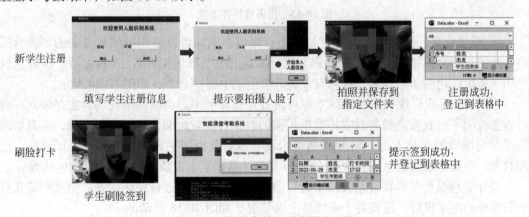

图 10-11　课堂人脸识别考勤流程图

第 3 步，信息化教学。

① 电子板书。教师在授课过程中可通过讲台的书写小屏幕及授课软件的"电子板书"

功能在电子课件内容上进行批注、圈点和勾画，书写内容会同步展示到大屏显示设备上。教师面对学生即可轻松板书，有更多的肢体语言和眼神交流，并使教学过程不中断，如图 10-12 所示。

在电子黑板页面上书写

在PPT页面上书写

在演示实验视频上书写

图 10-12　三种类型的电子板书示意图

② 资料高拍。若教师临时需要展示讲义、参考书、教辅印刷材料、小型演示实验视频等，可以通过高拍仪拍摄后，同步上传到大屏显示设备上；还可以根据授课的场景需求、应用需求使用外接的 USB 摄像机、网络摄像机等实现课堂所需的照片、视频拍摄。

无论采用哪种拍摄方式和拍摄设备，均能实现随拍随传，学生无须离开座位即可清晰、直观地获取知识，板书内容也可一键保存，如图 10-13 所示。

在拍照画面上书写

图 10-13　拍摄资料并上传

③ 课堂点名。授课点名与智慧校园平台集成，老师可以采用授课软件中的"课堂问答"功能选择随机抽人答题，大屏幕上就会滚动出现全班学生姓名，3 秒之后，屏幕上就会出现随机选出的学生姓名，可以有效提升学生的上课注意力，如图 10-14 所示。

第四步：远程巡课和回放。课堂巡查时督导管理员不必亲临教室现场，在办公室可通过智慧校园平台查看全校各教室摄像机拍摄的教学音视频画面，实现远程巡课，以避免现场巡课对课堂教学的干扰。AI 摄像机可自动获取智慧校园平台的课堂信息，如教室、授课教师、课程、班级信息以及应到/实到/缺席/迟到学生人数等数据，如图 10-15 所示。

督导管理员也可以在智慧校园平台打印巡查表，去教室进行现场巡查。通过安装在每个教室外的电子班牌，巡查各个班级的上课情况，如图 10-16 所示。

电子班牌作为信息展示的一种终端，由信息发布应用、电子班牌硬件及运行在电子班牌硬件中的 App 无缝集成，主要展示通知公告、学校文化形象、专业建设成果、班级活动和学生个人风采等内容。

图 10-14　课堂随机抽点学生

图 10-15　远程巡课和回放

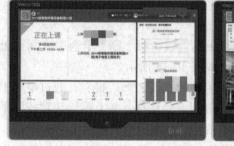

图 10-16　现场巡课

（3）课后。

第 1 步，学生在线学习。学生可以通过浏览器、App 进行自主学习。教师可实时查看学生的学习进度、作业或测验情况等相关数据，以便及时进行教学情况分析，如图 10-17

图 10-17　学生在线学习

所示。

第 2 步，教师辅导答疑。教师可通过智慧校园平台的即时通信 App 开展讨论、答疑，该 App 可自动获取多个班级的学生信息，还可进行实名交流；教师也可以通过授课软件开展线上答疑。

第 3 步，教学大数据应用。利用云计算和大数据等新兴技术，对授课软件采集到的学生在学习过程中产生的各种海量数据进行分析，从中提取出有用信息，并进行深入探讨和研究，最终形成行之有效的教学策略，以帮助教师不断提升教学质量。

4. 智慧安防

（1）请假离校。学生请假可通过请假放行机专业设备、一卡通和智慧校园平台二维码等进出校门。请假信息共享，可实现学生请假电子化、放行一体化管理。

物联网门禁与智慧校园平台数据整合集成后，可实现信息共享和联动。禁止非授权人员通过对应通道 / 门禁。学生出校时通过身份识别，放行机自动显示学生请假审批状态，门卫确认是否放行。学生离校返校、请假销假等，自动发送消息给班主任、学生家长等相关人员。

如果学生请假需要出校，学生在门卫处的请假放行机上刷一卡通，或刷 welink App 二维码，门卫查看请假信息，确认是否放行，如图 10-18 所示。

智慧门禁放行机内置读卡模组，读取一卡通数据流，形成报文，通过串口上报给智慧门禁放行机，智慧门禁放行机通过数据解码得到卡号信息，并上报给智慧校园平台，平台校验合法性后，将一卡通对应的数据返回给智慧门禁放行机，如图 10-19 所示。

（2）宿舍安防。学校通过宿舍 AI 无感考勤套件，可实时监控非本栋的校内人员、校外人员和黑名单人员进出。当黑名单、非本栋人员、其他楼栋的异性人员、超过 × 天未归寝学生、超过 × 天未出勤学生进出寝室楼栋时，系统都会自动预警提醒，异常人员名单会自动显示在考勤终端显示屏上。智慧校园平台将自动及时提醒宿管人员，拦截不能进入的人员，并对访客进行登记，加强宿舍安全管理，如图 10-20 所示。

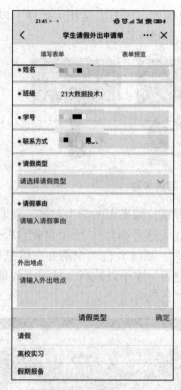

图 10-18 welink App 软件上的学生请假申请

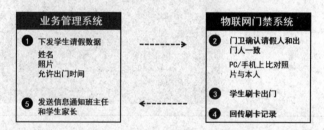

图 10-19 业务管理系统与物联网门禁系统数据交换原理

图 10-20 宿管员实时查看考勤终端显示屏实时预警

使用宿舍AI无感考勤套件进行宿舍进出管理，需要安装相关硬件，包括人脸抓拍摄像机、人脸库比对服务器和考勤硬件终端等，如图10-21所示。

图 10-21　宿舍考勤

（3）校园安防。新一代的智慧校门依托智慧校园平台的学生数据、教职工数据、黑名单、学生请假数据等，可与人脸识别设备（AI无感考勤套件）、信息化看板进行整合集成。当"黑名单"上的人员或陌生访客进入校门时，系统会自动识别并在信息化看板上显示。这时，门卫可立即将其拦下，核实身份并登记后，才予以放行，从而有效地保障了校园安全，如图10-22所示。

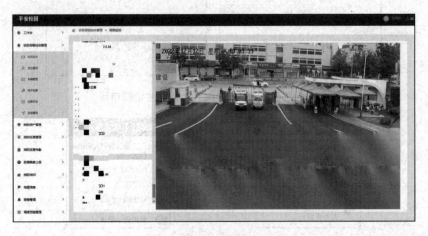

图 10-22　校园安防监控

五、训练结果

本训练通过实践体验智慧校园三个典型应用场景，我们可直观地感受到在新一代信息技术特别是人工智能技术的加持下，校园变得更加智能、方便、快捷。通过实践项目，我们还认识了在智慧校园背后的多种新兴技术和各种软硬件设备，对智慧校园的整个架构有了总体的认知。

（1）新生通过智慧校园平台中的招生迎新管理系统成功地查询到录取信息，在这一过程中主要使用了互联网和移动通信技术。

（2）现场报名时，身份证上的信息通过身份证读卡器读取并传输到计算机，主要使用射频识别技术。射频识别技术是一种利用无线射频进行非接触双向数据通信的自动识别技术。它使用无线射频读取和写入记录介质（电子标签或射频卡），从而达到识别目标和交换数据的目的。

（3）智慧教学和智慧安防主要是运用了移动通信、物联网、人工智能等新一代信息技术，对校园学习和生活中所产生的各种信息进行捕获、识别、计算和分析，从而实现学校教学和管理的智能化。

训练 10.2　智 慧 交 通

一、训练目的

通过体验智慧交通，了解中国在人工智能技术的先进性和应用的普遍性，增强大国情怀。

二、训练内容

选择合适的方式智慧出行，感受智慧交通中的智能，具体体验场景如下：
（1）骑行共享单车。
（2）电子收费系统。
（3）交管 12123 的"一键挪车"服务。
（4）车联网认知。

三、训练环境

智慧城市、ETC 通道、交管 12123 手机 App、智慧机场

四、训练步骤

随着以云计算、物联网、大数据和人工智能等技术的发展，我国城市和乡村的交通越来越便利，越来越智能化。从扫码即骑的共享单车到呼之即来的网约车，从方便快捷的公交、地铁到四通八达的高铁、飞机和轮船，无一不说明智慧交通时代已经来临。智慧交通不仅将改变人们的出行和生活方式，还将极大地影响社会经济的发展与城市的繁荣。

1. 智慧交通体验场景一：骑行共享单车

第 1 步，打开"支付宝"App，在搜索栏输入"共享单车"，在搜索结果中可以看到很多共享单车的应用程序，本书选用"哈啰"单车为例来说明共享单车的使用，如图 10-23 所示。

第 2 步，开启手机蓝牙，打开智能锁，如图 10-24 所示。

第 3 步，骑行完毕则关锁，支付宝完成支付。

图 10-23　使用"支付宝"打开"哈啰"单车扫码界面

图 10-24　共享单车扫码及蓝牙开锁

2. 智慧交通体验场景二：电子收费系统

电子收费系统（electronic toll collection，ETC）又称不停车收费系统，是通过设置在收费公路收费站出入口处的天线及车型识别系统和安装在车辆的车载装置，利用信息通信技术，自动实现通行费支付的系统。车辆通过 ETC 通道时，无须停车缴费，高速通行费将从绑定的银行卡中自动扣除，如图 10-25 所示。这样既能够实现自动收费，又能够实现收费无纸化、无现金化管理。

ETC 系统通过安装在车辆上的车载装置和安装在收费站车道上的天线之间进行无线通信和信息交换，主要由车辆自动识别系统、中心管理系统和其他辅助设施等组成。其中，车辆自动识别系统由车载单元、路侧单元、环路感应器等组成。车载单元（on board unit，OBU），又称为应答器或电子标签，里面存有车辆的识别信息，一般安装于车辆前面的挡风玻璃上。路侧单元（road side unit，RSU）安装于收费站旁边。环路感应器安装于车道地面下。部署在云端的管理系统有大型的数据库，存储进入高速路段的所有车辆信息和用户的信息。

图 10-25　高速公路收费站

第 1 步，到高速公路联网收费管理中心的服务网点或合作银行网点办理好 ETC 通行卡，把车载电子标签安装在车挡风玻璃内侧，然后把通行卡插在电子标签里面。

第 2 步，当车辆驶入 ETC 通道时，环路感应器感知车辆，RSU 发出询问信号，OBU 做出响应，并进行双向通信和数据交换。公路数据采集处理系统的站级装置便读取车载装置内的车辆信息，从数据库中调出匹配车辆数据后进行放行处理，储存记录的同时，上传至公路数据采集处理系统的数据管理中心。该数据管理中心对通行车辆进行分析，形成扣费交易实时上传银行，银行完成交易处理后再实时返回该数据管理中心。

从 ETC 车道行车示意图中可以看出（图 10-26），车辆在进入 ETC 车道后，地面下方有"地感线圈"，车载 ETC 设备与天线感应成功建立通信后，电子标签发出声音，拦车杆自动迅速升起，车辆可以通行。

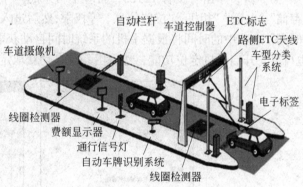

图 10-26　ETC 车道行车示意图

在 ETC 系统中，OBU 采用 DSRC（dedicated short range communication）技术，专用短程通信技术建立与 RSU 之间微波通信链路。在车辆不停车的情况下，实现车辆身份识别和电子扣费，实现不停车及免取卡，建立无人值守车辆通道。

3. 智慧交通体验场景三：交管 12123 的"一键挪车"服务

自驾出行等已成为当今出行的常态。当你驾车出行时，却遇到车被其他车辆堵住，你应该怎么办呢？另外，当你出行回家时，却发现你的停车位被其他车辆占用了，你又该如何寻找帮助呢？过去，遇到类似这样令人烦恼的难题时，你也许会急得跺脚，却又只能无可奈何地等待。目前公安部官方推出互联网交通安全综合服务管理平台的唯一手机客户端应用软件"交管12123"，在该管理平台中有"一键挪车"的功能，不仅可以快速解决以上烦恼，还可以让你的驾车出行变得更加便捷。"一键挪车"功能的使用步骤如下。

第1步，在手机"应用市场"中搜索并安装"交管12123"手机App，如图10-27所示。

第2步，打开"交管12123"手机App，完成用户注册，并登录"交管12123"管理平台，如图10-28所示。

图 10-27　搜索并安装"交管12123"手机App

图 10-28　登录"交管12123"管理平台

第3步，单击"交管12123"管理平台中的"一键挪车"按钮，根据提示信息设置好"存储""电话""相机""位置信息"等权限，然后进入一键挪车的"申请挪车"界面。其中，"时间"选项中的时间将根据手机的系统时间自动获取；"地点"选项可手动输入挪车地点，也可事先开启手机定位功能，然后由系统自动获取定位信息，如图10-29所示。

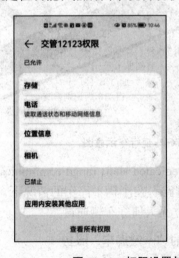 

图 10-29　权限设置与挪车地点设定

第4步，单击"申请挪车"界面底部的"申请挪车（剩余5次）"按钮，即可打开"业务须知"对话框，然后浏览一键挪车服务的注意事项。

第5步，把"业务须知"浏览完毕，单击"阅读并同意"按钮，即可进入一键挪车的"提交申请"设置界面，并填写阻挡车辆信息。其中，"挡车地点"会根据前面设置好的挪车地点自动显示出来。手动输入"挡车号牌"，并根据提示信息选择"号牌颜色"和"提醒信息"，然后将阻挡车辆的号牌和现场情况拍照上传（照片最多三张，要求清晰，只能即拍即传，不能从相册中选取照片）。填写完毕并检查无误后，再单击"提交申请"按钮，如图10-30所示。

图 10-30　填写阻挡车辆信息并提交挪车申请

"一键挪车"申请提交后，"交管12123"管理平台会通过12123短信和App推送及时告知阻挡车辆的车主前来及时挪车。提交挪车申请10分钟后，如果阻挡车辆的车主仍未前来挪车，可通过"催单提醒"方式再次通知对方车主。如果对方车主最后仍然未能及时完成挪车操作，还可拨打当地挪车服务热线或报警处理，由交管部门进行协调处理。

4. 智慧交通体验场景四：车联网认知

车联网的概念源于物联网，即车辆物联网，是以行驶中的车辆为信息感知对象，借助新一代信息和通信技术，实现车内、车与车、车与路、车与人、车与服务平台的多方位网络连接，提升汽车智能化水平和自动驾驶能力，构建汽车和交通服务新业态。

在车联网中，通过在路侧架设感知设备，并与车辆交互，行经该路段的车辆便可准确、快速、全面地获取路况信息。同时，大数据云控平台汇聚所有车、路信息，根据实时车流情况自动调节红绿灯，通过全局调度优化整体通行效率。

目前，全球单车智能只能在非常有限的条件下才能实现高级别的自动驾驶。因此，根据我国道路交通的具体国情，主要采用车路协同的方案来实现车联网和自动驾驶，让聪明的车跑在智慧的路上。车路协同的核心应用场景主要包括车车、车路、车网的互动，如图 10-31 所示。

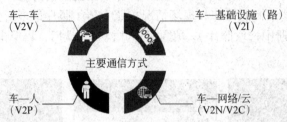

图 10-31 车路协同主要通信方式

5G 具备高可靠性、大带宽、低时延和海量连接等优势，可以实现快速、大量、稳定的数据传输，为车联网和自动驾驶提供了实现的可能。采用 5G 车路协同无人驾驶的方式比传统的单车智能驾驶具有更大的优势。5G "网联式"自动驾驶可以实现以下功能：协同控制、协同感知、协同安全、自主导航和远程控制驾驶。

展望一："5G 智慧路灯＋车路协同"构建智慧道路，实现高效的人、车、路协同和跨域信息联通。这将是我国实现自动驾驶的主要推力。

车路协同中的 RSU（路侧单元）与 5G 智慧灯杆配合，接入智慧灯杆网关与智慧灯杆云平台，形成完整的智慧灯杆系统。通过智慧灯杆系统上的智能传感、边缘计算等技术，实时感知城市道路中的车、人、物的变化情况，辅助车辆做出驾驶决策，实现自动驾驶中信息传输的低延时和行驶的高安全。

其中，5G 智慧灯杆是以道路照明灯杆为基础，整合公安监控杆、交通信号杆、通信杆、交通标识牌等为一体的综合杆，如图 10-32 所示。5G 智慧灯杆是智慧照明、智慧交通、智慧城市、5G 通信基站的重要载体，是支持智慧城市建设和 5G 建设的新型基础设施。5G 智慧灯杆上搭载的设备可包含智能照明、移动通信、视频采集、公共 WLAN、交通标

图 10-32 5G 智慧灯杆

志、交通信号灯、交通流量监测、交通执法、交通信息发布屏、充电桩、路测单元等多项功能。

展望二：基于北斗网格码技术，以 5G 智慧灯杆作为车辆信息采集的载体，通过 5G 进行数据传输，构建车道协同方案。

北斗网格码（beidou grid code，BGC）又称北斗网格位置码，有时也称北斗导航网格码，是在全球剖分网格基础上发展出的一种多尺度、离散、适用于导航定位服务的全球地理网格编码模型。

随着卫星导航与传感器、云计算、互联网和移动通信的深度融合，新一代信息技术呈现出大数据、智能化、大众化的发展趋势。北斗网格码的设计远远优于已有的各种网格码，对全球应用空间及对象具有统一性和唯一性，是一项典型的军民融合技术体系，非常适合作为空间信息和位置服务的大数据入口。

展望三：利用 C-V2X 技术，构建基于蜂窝车联网的车路协同发展模式。

C-V2X 是由我国主推的基于蜂窝通信和终端直通通信融合的车联网技术，是目前世界上在车联网领域的核心技术，其标准工作在 3GPP 基础开展，包括基于 LTE 技术的版本 LTE-V2X 和面向新空口的 NR-V2X。

其中，C 是 cellular（蜂窝状的）的首写字母。V2X 的意思是 vehicle to everything，表示车与外界其他事物进行"沟通交流"的一种通信方式。V（vehicle）的意思是"车辆"，X 表示任何能与车辆进行"交流沟通"的对象。

V2X 是未来智能交通运输系统的关键技术，它使得车与车、车与基站、基站与基站之间能够通信，能及时获得实时路况、道路信息、行人信息等一系列交通信息，可提高驾驶安全性，减少拥堵，提高交通效率，提供车载娱乐信息等。

在发展智能交通和自动驾驶方面，我国正在探索一条不同于发达国家的发展模式，即基于 C-V2X 的车路协同发展模式（也就是"聪明的车 + 智慧的路"）。

2020 年 12 月，中国通信学会在《蜂窝车联网（C-V2X）技术与产业发展态势前沿报告 2020》中提到，C-V2X 应用可以分近期和中远期两大阶段。近期通过车车协同、车路协同实现辅助驾驶，提高驾驶安全，提升交通效率，以及特定场景的中低速无人驾驶，提高生产效率，降低成本。中长期将结合人工智能、大数据等新技术，融合雷达、视频感知等技术，通过车联网实现从单车智能到网联智能，最终实现完全自动驾驶。此外，该报告还指出，我国 C-V2X 车联网产业将经历以下三个发展阶段。

第一阶段是在城市道路和高速公路上针对乘用车和营运车辆，实现辅助驾驶安全并提高交通效率，由 LTE-V2X 和 4G 蜂窝支持。

第二阶段是在封闭/半封闭的特定区域、特定场景，针对商用车的中低速自动驾驶，例如，用于机场、工厂、码头、停车场的无人物流车、无人清扫车、无人摆渡车以及用于城市特定道路的 Robot Taxi，由 LTE-V2X 和 5G eMBB 支持。

第三阶段是全天候、全场景的无人驾驶及高速公路车辆编队行驶，需要 NR-V2X 和 5G eMBB 的支持才能实现。

目前，我国车联网的发展已经进入第二阶段，而第三阶段则面临着与有人驾驶车辆、行人等并存，以及应对我国特殊交通环境等挑战。

五、训练结果

（1）骑行共享单车主要应用"支付宝"软件和"哈啰"单车程序，在共享单车扫描二维码开锁时使用了蓝牙和二维码识别技术。此外，路线查询和扫码离不开移动通信技术的支持。

（2）ETC 主要使用了 DSRC 技术。DSRC 技术也就是长距离 RFID 射频识别技术。在高速公路或者桥梁自动收费时应用 DSRC 技术，不但解决了车辆自动收费问题，而且提升了收费站的交通吞吐量。

（3）交管 12123 手机 App 是交通管理部门创新交通管理部门服务模式及惠及亿万群众的又一重要举措，其中的"一键挪车"服务离不开 5G、卫星定位、云计算、大数据等技术的支撑。

（4）车联网将主要使用 5G、C-V2X 技术、北斗网格码技术等，依托 5G 智慧灯杆等基础设施及 ETC 技术来实现车路协同，从而实现在智慧路上智能车的自动驾驶。

综合实训 11　程序设计基础

训练 11.1　环境搭建

一、训练目的

通过训练，掌握 Python 程序运行环境安装与配置。

二、训练内容

安装 Python 和 PyCharm，并对安装结果进行测试。

三、训练环境

（1）硬件为普通主流 PC、笔记本。
（2）操作系统为 Window 10（更高版本也可以，请下载相应版本）。

四、训练步骤

1. 下载并安装 Python

如图 11-1 所示，访问 Python 官网下载链接 https://www.python.org/downloads/，单击 Download Python 3.10.2 按钮，下载得到安装文件。本书下载的是 python-3.10.2-amd64.exe。如果处于其他操作系统，如 Linux、Mac OS 等，也可按页面提示选择对应下载链接。

图 11-1　Python 下载页面

下载得到的安装文件为 exe 格式，与其他 Windows 软件安装过程类似，可直接双击此 exe 文件并进入安装向导。为便于操作，此处尽量按软件默认选项进行安装，具体过程如下。

（1）如图 11-2 所示，选中底部的 Add Python 3.10 to PATH 选项，这样能自动配置 Python 环境到操作系统中，方便使用。

图 11-2　设置安装选项

（2）单击 Install Now 按钮，执行安装程序，并等待安装完成。

（3）部分计算机由于操作系统配置原因，可能会出现 Disable path length limit 的提示项，如图 11-3 所示。此时可单击此提示项完成最后配置，最终结果如图 11-4 所示。

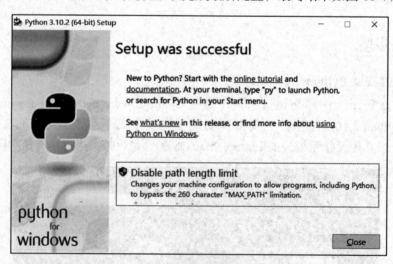

图 11-3　完成安装

（4）最后单击界面右下角的 Close 按钮，即可完成安装。根据前面的默认配置，安装目录为 C:\Users\Administrator\AppData\Local\Programs\Python\Python310，进入此目录可查看已安装的文件信息，如图 11-5 所示。

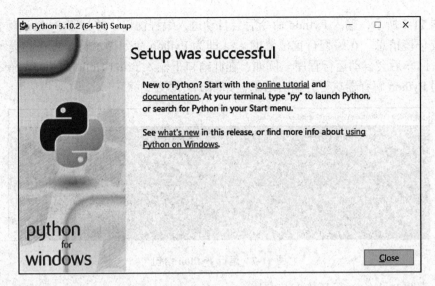

图 11-4　安装成功

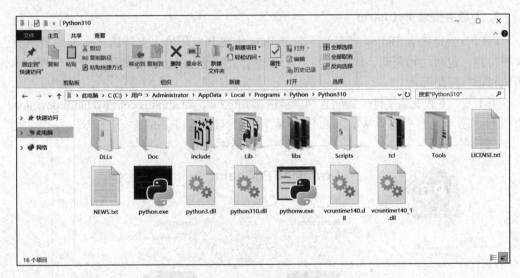

图 11-5　安装目录

2. 运行 Python

Python 安装目录下包含了 Python 库目录和相关文件，其中 python.exe 即为 Python 解释器，可通过命令行窗口来运行，如图 11-6 所示。

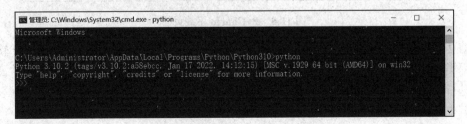

图 11-6　在命令行窗口运行 Python

如图 11-7 所示，输入 Python 命令后会自动进入编程窗口，并打印 Python 版本信息和操作系统环境信息。在编程行首位置的 >>> 即为 Python 命令提示符，可在此提示符下编写程序，回车后会自动运行程序。例如，在此窗口下输入 print('Hello Python') 命令，将会自动调用 Python 解释器执行并输出结果，如图 11-7 所示。

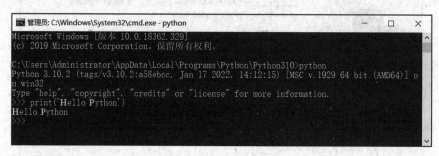

图 11-7　运行 Python 语句

至此表明 Python 运行环境安装完毕。

3. 下载并安装 PyCharm

PyCharm 是由 JetBrains 打造的一款 Python 集成开发环境，支持跨平台使用且具有强大的功能，包括代码调试、代码跳转、代码补全、智能提示、语法高亮、项目管理、单元测试和版本控制等。

第 1 步，下载安装文件。访问官网下载链接 http://www.jetbrains.com/pycharm/download/，如图 11-8 所示。本书选择 Windows 10 环境下的社区版 PyCharm 进行下载。

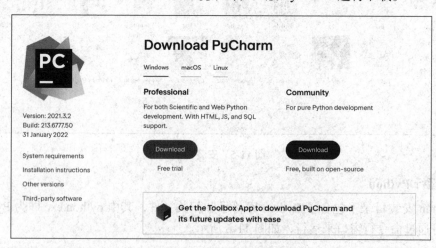

图 11-8　PyCharm 下载页面

第 2 步，安装 PyCharm。下载得到的安装文件为 exe 格式，与其他 Windows 软件安装过程类似，可直接双击此 exe 文件并进入安装向导。为便于操作，此处尽量按软件默认选项进行安装，具体过程如下所示。

首先，如图 11-9 所示，单击 Next 按钮进行安装。

其次，如图 11-10 所示，配置安装目录，并单击 Next 按钮继续安装。

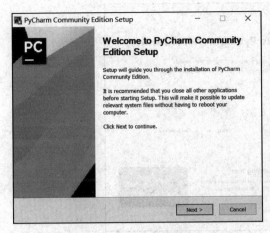

图 11-9　单击 Next 按钮进行安装

图 11-10　配置安装目录

再次,如图 11-11 所示,配置安装选项,建议全部选中进而便于使用并自动关联 py 文件,并单击 Next 按钮继续安装。

最后,单击 Install 按钮,开始安装,安装完成,如图 11-12 所示。

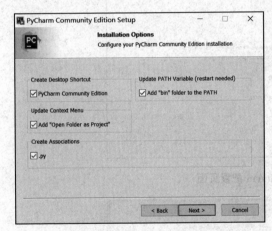

图 11-11　配置安装选项

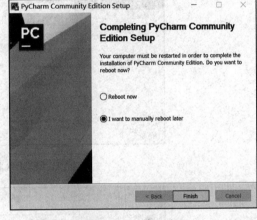

图 11-12　完成安装

4. 运行 PyCharm

安装完毕,在桌面上会出现对应快捷方式。单击桌面快捷方式,运行后效果如图 11-13 所示。

PyCharm 启动后,首页呈现左右栏分布,左侧为菜单选项,右侧为内容面板。部分用户首页可能会呈现出偏暗的灰色显示效果,此时可单击左侧的 Customize 菜单项,选择颜色主题来切换配置。如图 11-14 所示,可选择 Windows 10 Light 主题。

此时可以选择配置颜色主题,也可以进行字体大小等配置,编辑后会自动即时生效。然后,我们单击左侧的 Projects 选项即可回到首页,单击 Open 按钮可打开 py 文件,如图 11-15 所示。

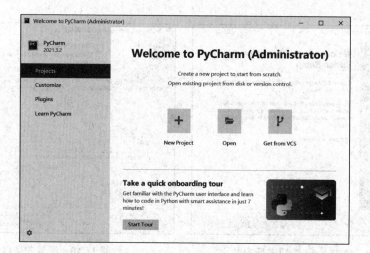

图 11-13　PyCharm 启动页面

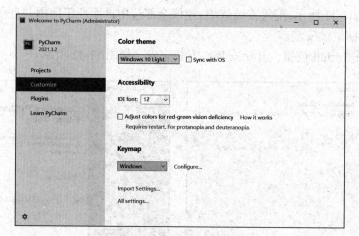

图 11-14　PyCharm 配置页面

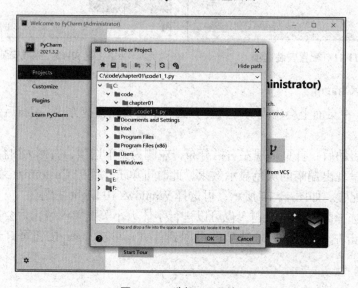

图 11-15　选择 py 文件

部分用户可能会出现确认弹窗，此时按照提示单击 OK 按钮即可。由于是第一次启动，需要自动配置 Python 开发环境，需等待其完成初始化。

最终，打开 code1_1.py 文件后的效果如图 11-16 所示。

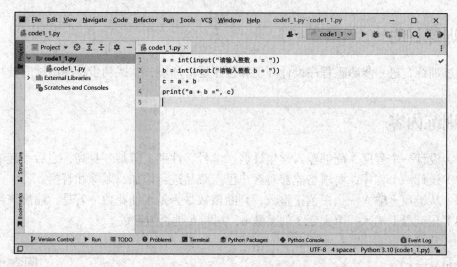

图 11-16　打开 code1_1.py 文件

PyCharm 提供了丰富的功能模块，顶部为菜单选项，底部为状态栏，左侧为文件列表，右侧为编码窗口，并且在右上方的工具栏中提供了快捷键，便于程序运行。通过单击绿色的运行图标 ▶，即可运行此程序。

五、训练结果

安装并配置好 Python 开发环境后，运行程序 code1_1.py 的效果如图 11-17 所示。此时根据程序提示输入两个整数，即可完成加法运算，得到运行结果。

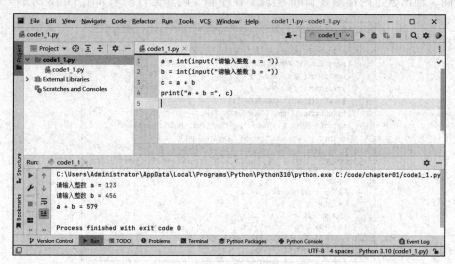

图 11-17　运行 code1_1.py 文件

训练 11.2　运行几个小程序

一、训练目的

通过训练，进一步熟悉程序设计环境和程序运行环境，掌握初步程序调试的技巧。

二、训练内容

（1）设计一个程序，能够输入学生姓名、学号、性别、年龄、身高，之后一起输出。
（2）设计一个程序，要求将能够对客户已点菜品进行添加、删除和替换。
（3）从键盘上输入一个三位正整数，判断该数是否是水仙花数，若是，输出该数。
（4）从键盘上输入一个大于 3 的整数 n，判断 n 是否为素数。

三、训练环境

用训练 11.1 搭建的环境即可。

训练 11.2

四、训练步骤

1. 程序设计案例 1

设计一个程序，能够输入学生姓名、学号、性别、年龄、身高，之后一起输出。

设计思路：本程序可以分为三个部分，即输入通过内置函数 input 实现，存储通过变量来存储，输出通过内置函数 print 实现。程序源代码和运行结果如图 11-18 所示。

```
# 例3-1
# 定义变量并使用输入函数给各变量赋值，然后输出
name=input('请输入姓名：')
num=input('请输入学号：')
sex=input('请输入性别：')
age=int(input('请输入年龄：'))
height=float(input('请输入身高：'))
print('学生姓名是：',name,',学号为：',num,'性别为：',sex)
print('学生年龄为%d,身高为%f'%(age,height))
```

```
Run:    code3_1
    D:\ProgramData\Anaconda3\python.exe C:\code\chapter03\code3_1.py
    请输入姓名：张三
    请输入学号：2021360218
    请输入性别：男
    请输入年龄：18
    请输入身高：1.84
    学生姓名是：张三 ,学号为：2021360218 性别为：男
    学生年龄为18,身高为1.840000
```

图 11-18　案例 1 程序的源代码和运行结果

程序中使用 name、num、sex、age、height 五个变量来存储输入数据，并且使用 input 和 print 来实现输入和输出。完成程序设计后，运行程序，根据提示输入相应内容，可以得到程序输出的对应信息。

2. 程序设计案例 2

设计一个程序，要求能够对客户已点菜品进行添加、删除和替换。

设计思路：对于 Python 语言，可以使用一个列表变量来存储客户已点菜品。然后从列表中找到从键盘输入的、要求删除的菜品进行删除。再输入新菜品，并添加在列表最后。最后对要进行替换的菜品进行替换。程序源代码和运行结果如图 11-19 所示。

```python
# 例3-8
# 使用列表编程实现修改点餐单
lt=['水煮干丝','麻婆豆腐','白灼虾','香菇油菜','西红柿鸡蛋汤']
dele=input('请输入要删除的菜品：')
add=input('请输入要添加的菜品：')
n=lt.index(dele)  # 查找要删除菜品的下标值
del lt[n]  # 删除指定位置的菜品
lt.append(add)  # 添加指定菜品
lt[lt.index('西红柿鸡蛋汤')]='酸菜鱼'  # 将西红柿鸡蛋汤换成酸菜鱼
print(lt)
```

```
D:\ProgramData\Anaconda3\python.exe C:\code\chapter03\code3_8.py
请输入要删除的菜品：白灼虾
请输入要添加的菜品：红烧肉
['水煮干丝', '麻婆豆腐', '香菇油菜', '酸菜鱼', '红烧肉']
```

图 11-19　案例 2 程序的源代码和运行结果

程序中使用 lt 作为列表名，存储已经点好菜品的名称。用 dele 和 add 来存储需要删除和添加的菜品名，使用 lt.index(dele) 来对列表中元素进行定位，找到后删除。使用 lt.Append(add) 来实现菜品的添加，最后对已有菜品进行更换。

3. 程序设计案例 3

设计一个程序，从键盘上输入一个三位正整数，判断该数是否是水仙花数，若是，输出该数。

设计思路：水仙花数是指一个三位数，其每个位上数字的立方之和等于它本身。首先，要提取这个数字的每一位数字。其次，再对每位上的数字计算立方和，当这个数是水仙花数时，输出该数；否则，什么都不做。此题只需用单分支 if 语句即可实现。程序代码和运行结果如图 11-20 所示。

由于本题已经限定三位数，因此相对容易。程序运行后，将三位数保存在变量 n 中，通过 n 整除 100，就可以得到百位数；n 对 10 求余，就可以得到个位数；先对 100 求余，再整除 10，就可以得到十位数（整除和求余不熟练的读者可查阅网上资料）。再求立方，然后进行比对，这里就用到了单分支 if 语句，如果比对结果符合要求，则输出结果；否则，程序结束。

```
code4_3.py ×
1   # 例4-3
2   # 输入整数
3   n = int(input("请输入三位整数: "))
4   # 提取百位数字
5   bai = n//100
6   # 提取十位数字
7   shi = n%100//10
8   # 提取个位数字
9   ge = n%10
10  if n == bai*bai*bai+shi*shi*shi+ge*ge*ge:
11      # 满足每个位上数字的立方之和等于它本身
12      print("这个数是水仙花数")
13
```

```
Run:    code4_3 ×
    D:\ProgramData\Anaconda3\python.exe C:\code\chapter04\code4_3.py
    请输入三位整数: 153
    这个数是水仙花数
```

图 11-20　案例 3 程序的源代码和运行结果

4. 程序设计案例 4

设计一个程序，从键盘上输入一个大于 3 的整数 n，判断 n 是否为素数。

设计思路：素数也称为质数，是指一个大于 1 的自然数，除了 1 和它本身不能被其他数整除。因此，可对输入的整数进行整除判断，如果存在小于该数平方根的整数满足整除关系，则判断为非素数，终止循环，没有必要再继续比较，这里可以使用 break 语句来跳出循环；如果循环一直结束而没有被打断，则说明没有找到能够整除它的数，因此可以判断这个数为素数。程序源代码和运行结果如图 11-21 所示。

```
code4_14.py ×
1   # 例4-14
2   # 输入整数
3   n = int(input("请输入一个大于3的整数: "))
4   # 计算平方根
5   m = int(n**(1/2))
6   # 初始化
7   i = 2
8   flag = True
9   # 循环计算
10  while i < m+1:
11      if n%i == 0:
12          print(n, '能被', i, '整除, 终止循环! ')
13          # 更新素数标记
14          flag = False
15          # 终止循环
16          break
17      # 更新待判断的整数
18      i = i + 1
19  # 输出结果
20  if flag:
21      print(n, '是素数')
22  else:
23      print(n, '不是素数')
```

```
Run:    code4_14 ×
    D:\ProgramData\Anaconda3\python.exe C:/code/chapter04/code4_14.py
    请输入一个大于3的整数: 115
    115 能被 5 整除, 终止循环!
    115 不是素数
```

图 11-21　案例 4 程序的源代码和运行结果

程序运行后，输入了一个数字，如 115。先求出 115 的整数平方根，即 10，然后从 2~10 依次来对 115 求余，当 i 值为 5 时，余数为 0，于是选择结构被激活，标志变量 flag=false 被执行，同时后面的值不需要再一一验证，while 循环被终止。最后根据标志变量值，对是否是素数进行最终判断并输出。

五、训练结果

案例程序源代码和运行结果参考图 11-18~ 图 11-21。

训练 11.3　设计计算器界面

一、训练目的

通过训练，了解高级程序设计中的面向对象程序设计的方法。

二、训练内容

设计一个计算器程序界面。

训练 11.3

三、训练环境

Tkinter 开发框架

四、训练步骤

1. 创建 Tkinter 开发框架

可视化程序设计具有所见即所得、方便快捷等优点，因此大部分程序设计语言都支持可视化程序设计。在进行可视化程序开发时，一般需要花点时间额外配置可视化环境，以支持可视化程序开发。Python 支持多个开发框架，包括 PyQT、PyGtk、wxPython、IronPython、Jython 和 Tkinter 等，也可与第三方库进行集成使用，具有较高的灵活性和可拓展性。在实际工程应用中，Tkinter 是目前应用较多的可视化框架，支持跨平台使用，具有简单实用的特点。如图 11-22 所示，Python 自带的 IDLE 就是基于 tkinter 开发的，呈现出简洁高效的设计风格。下面我们以搭建 Tkinter 开发框架为例，来说明如何在 Python 中进行可视化程序设计。

在 Python 中，使用 Tkinter 进行可视化开发非常简单，只需要在程序中采用以下三种方法中的一种引入 Tkinter 即可。

（1）import tkinter。直接导入 tkinter 模块，在程序中可通过 "tkinter." 进行调用。

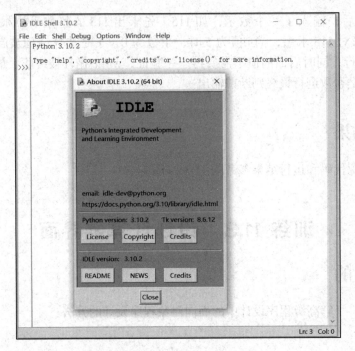

图 11-22　Python 自带的 IDLE 软件

（2）import tkinter as tk。导入 tkinter 模块并设置为 tk，在程序中可通过"tk."进行调用。

（3）from tkinter import *。导入 tkinter 模块的所有内容，在程序中可直接调用。

假设程序通过 import tkinter as tk 进行了引入，则可通过 tk.Tk() 函数直接创建主窗口，再通过 tk.mainloop() 进行发布并显示。下面我们通过建立一个空的窗体（可视化基础控件之一，是可视化界面基础），来测试一下是否成功引入 Tkinter，从而完成可视化程序环境搭建。下面利用 Tkinter 设计一个空 GUI 窗体。

```
import tkinter as tk
    win = tk.Tk()
    tk.mainloop()
```

如果程序正常运行，会自动创建一个空可视化窗体，弹出显示，运行结果如图 11-23 所示。顺利看到窗体，即表示可视化程序设计环境搭建成功。

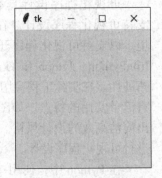

图 11-23　可视化窗体

2. 设计计算器界面

第 1 步，窗体设计。我们已经演示了如何基于 Python 的 Tkinter 框架设计一个窗体。在这里通过 import 引入工具包 tkinter、tkinter.messagebox，并将 tkinter 命名为 tk 以便于调用。

设计窗体 calc，设置标题为"一个简单的计算器"，同时对窗体大小、显示内容进行设置。

```
import tkinter as tk
```

```
calc = tk.Tk()
# 设置标题
calc.title('一个简单的计算器')
# 设置窗体尺寸和位置
calc.geometry("400x300+0+0")
# 设置标签
bq = tk.Label()
bq['text'] = '加减乘除'
bq.pack(pady=120)
# 显示窗体
tk.mainloop()
```

这里演示了利用 Tkinter 通过 calc = tk.Tk() 创建窗体，所创建窗体大小为 400×300，启动时默认在屏幕左上角，标题为"一个简单的计算器"，如图 11-24 所示。注意窗体对象提供了丰富的属性和方法进行调用，以达到不同显示效果。如在程序中通过 calc.title(名称) 设置窗体标题，通过 win.geometry(' 宽度 × 高度 ') 来设置窗体尺寸。

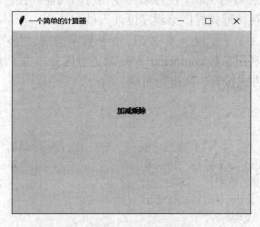

图 11-24　建立计算器窗体

（1）窗体宽度为 width, 高度为 height，可单独设置 widthxheight 来定义窗体的尺寸。

（2）+x 为主窗体左侧距离屏幕左侧的距离，−x 为主窗体右侧距离屏幕右侧的距离。

（3）+y 为主窗体上方距离屏幕上方的距离，−y 为主窗体下方距离屏幕下方的距离。

第 2 步，布局。在完成窗体设计之后，有时我们可根据需要对窗体进行划分。根据计算器的基本功能划分窗体为文本框区域、功能按钮区域和数字按钮区域，这种划分称为布局。下面是对窗体进行布局划分的过程。

```
# 设置面板
calc_frame = tk.Frame(calc)
type_frame = tk.Frame(calc)
data_frame = tk.Frame(calc)
cal_frame = tk.Frame(calc)
# 内容区域在上方
calc_frame.pack(side="top")
```

```
# 计算类型区域在左侧
type_frame.pack(side="left")
# 数据区域在右侧
data_frame.pack()
cal_frame.pack()
# 文本框
text_entry = tk.Entry(
    calc_frame,
    fg = "red",
    bd = 3,
    width = 30,
    justify = 'right'
)
text_entry.pack(padx=5, pady=10)
```

第 3 步，添加其他按钮。在完成窗体设计之后，现在我们需要在窗体上添加按钮和输入框。这里通过 Button 控件和 Entry 控件来实现相应的功能。控件实际上是把对象属性和行为进行了封装，以可视化形式提供给程序设计人员。

根据计算器具有的 +、−、×、÷ 按钮、0~9 数字按钮、"C"清空按钮和"="计算按钮，设计通用按钮类，利用参数 command_type 来进行区分。为了统一多个按钮控件布局，这里使用 grid（网格）方式按行、列进行布局。

```
# 计算器通用按钮定义
class CalButton():
    def __init__(self, iframe, itext, grid_side=None, command_type=None):
        if command_type is None:
            # 按钮：数字
            self.btn = tk.Button(
                iframe,
                text=itext,
                activeforeground="green",
                activebackground="red",
                width=10,
                command=lambda: insert_data(itext)
            )
        elif command_type == 'reset':
            # 按钮：C
            self.btn = tk.Button(
                iframe,
                text=itext,
                activeforeground="green",
                activebackground="red",
                width=10,
                command=lambda: clear_data()
            )
        else:
```

```
# 按钮: =
self.btn = tk.Button(
    iframe,
    text=itext,
    activeforeground="green",
    activebackground="red",
    width=10,
    command=lambda: run()
)
# 对应的位置
if grid_side is not None:
    self.btn.grid(row=grid_side[0], column=grid_side[1])
else:
    self.btn.pack()
```

五、训练结果

综合使用上述代码，即可得到如图 11-25 所示的可视化效果，至此完成了计算器界面
设计工作。

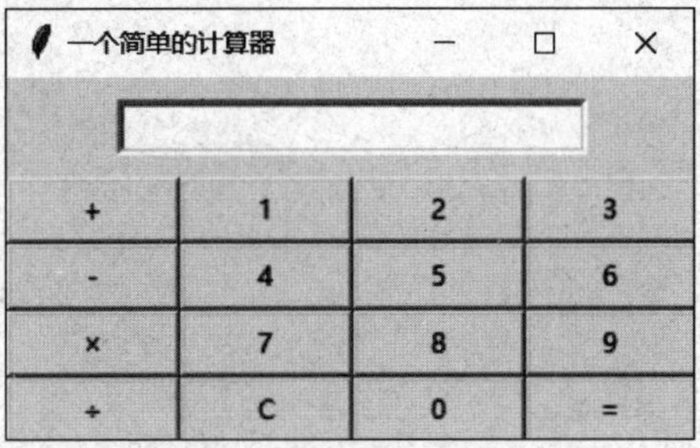

图 11-25　简单的计算器界面

线 上 部 分

参考文献

综合实训 12　现代通信技术

综合实训 13　云计算

综合实训 14　大数据

综合实训 15　虚拟现实

综合实训 16　机器人与流程自动化

综合实训 17　项目管理

参 考 文 献

[1] 陈海洲，王俊芳，等 . 信息技术基础 [M]. 北京：清华大学出版社，2021.

[2] 李四达 . 数字媒体艺术简史 [M]. 北京：清华大学出版社，2017.

[3] 陈哲 . 信息技术（基础模块）[M]. 北京：教育科学出版社，2022.

[4] 刘健 . 信息战中计算机对抗的研究与应用 [D]. 武汉：湖北工业大学，2016.

[5] 魏赟 . 物联网技术概论 [M]. 北京：中国铁道出版社，2020.

[6] 李如平 . 物联网概论 [M]. 北京：中国铁道出版社，2021.

[7] 高胜，朱建明，等 . 区块链技术与实践 [M]. 北京：机械工业出版社，2021.

[8] 李剑，李劼 . 区块链技术与实践 [M]. 北京：机械工业出版社，2021.

[9] 宋楚平，等 . 人工智能基础与应用 [M]. 北京：人民邮电出版社，2021.

后　记

在作者、编辑和教材专家的辛勤努力下，《信息技术综合实训（WPS 视频版）》（以下简称本教材）一书终于得以面世。

本教材由黄炳乐（福建船政交通职业学院）、陈守森（山东商务职业学院）、林少丹（福建船政交通职业学院）担任主编，张雪华（山东电子职业技术学院）、李栋（山东电子职业技术学院）、韩坤君（山东电子职业技术学院）、杨薇薇（福建船政交通职业学院）、姜桦（焦作大学）担任副主编，参编人员包括福建船政交通职业学院的吴毅君、郝林倩、周晶晶、熊丽君。林少丹和李焕春（北京政法职业学院）对全书做了整体把关和修改。另外，苗银凤作为系列教材的总主编，审核了本书的整体布局和内容。在本教材的编写过程中，一些行业专家给予我们具体指导，同时得到兄弟院校的大力支持，在此一并表示感谢。

参加本教材编写的有关人员分工如下。

线下部分：李栋编写综合训练 1，黄炳乐、杨薇薇编写综合训练 2，吴毅君编写综合训练 3，杨薇薇编写综合训练 4 和综合训练 10，韩坤君编写综合训练 5，陈守森、姜桦编写综合训练 6，姜桦编写综合训练 7，张雪华编写综合训练 8，陈守森编写综合训练 9，姜桦编写综合训练 11。

线上部分：杨薇薇编写综合训练 12，郝林倩编写综合训练 13 和综合训练 14，周晶晶编写综合训练 15，熊丽君编写综合训练 16 和综合训练 17。

编写团队还广泛参阅很多同类教材和其他资料，在此一并表示感谢。

编　者

2024 年 2 月